建设工程施工安全管控丛书

U0831543

冶金工程施工安全管控指南

轧钢工程篇

李欣 / 主编
石军胜　马如建　吕宏　张银锋　李俊峰　王一飞 / 副主编

中国矿业大学出版社
· 徐州 ·

内容提要

本书是建设工程施工安全管控丛书之一，是根据冶金工程项目施工特点编写而成的，书中对冶金工程施工过程中常见风险进行了提炼总结，提出了对应的管控措施，并结合施工现场收集了相关图例。本书主要内容包括轧钢工程、C型封闭料场工程、制氧工程、高炉工程、烧结工程等在施工过程中各环节的安全管控措施，是施工现场安全管理、技术管理、管理制度制定、应急处置措施制定、方案编制、现场作业人员作业交底的重要依据，对冶金工程施工安全管控具有非常重要的指导作用。

本书可作为冶金工程施工企业现场安全管理的工具书，也可作为普通高校土木工程专业师生的参考资料。

图书在版编目(CIP)数据

冶金工程施工安全管控指南 / 李欣主编. —徐州：中国矿业大学出版社，2023.12

ISBN 978-7-5646-5996-7

Ⅰ.①冶… Ⅱ.①李… Ⅲ.①冶金工业—工程施工—安全管理—指南 Ⅳ.①TF-62

中国国家版本馆CIP数据核字(2023)第196287号

书　　名 冶金工程施工安全管控指南
主　　编 李　欣
责任编辑 黄本斌
出版发行 中国矿业大学出版社有限责任公司
（江苏省徐州市解放南路　邮编221008）
网　　址 http://www.cumtp.com　**E-mail**:cumtpvip@cumtp.com
营销热线 (0516)83885370　83884103
出版服务 (0516)83995789　83884920
印　　刷 苏州市古得堡数码印刷有限公司
开　　本 787 mm×1092 mm　1/16　**印张** 21.25　**字数** 505千字
版次印次 2023年12月第1版　2023年12月第1次印刷
总 定 价 95.00元(共五分册)

《冶金工程施工安全管控指南》
编 委 会

轧钢工程篇

主要起草人：余宏、孙剑、秦磊鹏、王立超、李雪峰、袁殿文、梁阔、史册、郭林通、安冬、康国良、许延飞、沈玉坤、张智伟、杨占库、陈海亮、周瑞君、张兴原、谢志勇、范建中、刘圣靠、刘威、李国康、王海洋、战修丞

主要审核人：李俊峰、杨勇、张林、谢飞、王立军、王铮、周海亮、张青、王勇

C 型封闭料场工程篇

主要起草人：贾志立、张杰、王文新、郭建、秦晓春、张健、夏云飞、张智博、刘琳、王勇

主要审核人：李俊峰、张银锋、马如建、熊民辉、杨浩、王立超、刘正国、陈棋、郑伟、张青

制氧工程篇

主要起草人：席春生、孙兴利、岳伟伟、罗浩、张有智、万赤钢、陶晓龙、马启升、余淑昌、李晓垠、王焕香

主要审核人：马如建、张银锋、王一飞、杨志亮、王维新、阳代茂、熊民辉、张青

高炉工程篇

主要起草人：熊民辉、王亚丁、蒲璞、高健、阳代茂、曹克、焉海锋、易万君、肖朝全、田宇卿、陈文荣、郭腾伟、孙浩然、胡茂林、汪成国、袁平、侯彬、冯国庆、卢旭辉、刘晓、裴青峰、罗红庆、关梦凡

主要审核人：张林、李钢、刘忠、曾伟、李小辉、郎海洋、宋宁、张星、张青、王勇

烧结工程篇

主要起草人：熊民辉、阳代茂、陶浩、庞迎新、裴青峰、刘沪东、崔子越、石洋磊、曹克、张风庆、赵建波、储韧

主要审核人：宋益东、史卫东、马振宇、余宏、王立超、席春生、张青、王勇

前　言

为贯彻“安全第一、预防为主、综合治理”的安全生产方针，有效建立并落实“安全风险分级管控和隐患排查治理双重预防机制”，中国二十冶集团有限公司对近年来发生的典型事故案例进行分析，结合建筑施工领域各业务版块的项目特点、施工工艺和施工安全风险，总结提炼了安全管控重点，形成了建设工程施工安全管控丛书。本丛书对规范建设施工现场风险管控，保障建设工程施工企业安全生产具有重要的指导意义。

《冶金工程施工安全管控指南》是建设工程施工安全管控丛书之一，包括轧钢工程篇、C型封闭料场工程篇、制氧工程篇、高炉工程篇和烧结工程篇。本书根据冶金工程项目施工特点，对冶金工程施工过程中常见风险进行了辨识，提出了对应的管控措施，并收集了相关作业图例。本书可作为施工现场安全管理、技术管理、管理制度制定、应急处置措施制定、方案编制、现场作业人员作业交底的重要依据，对冶金工程施工安全管控具有非常重要的指导作用。

本书由李欣任主编，石军胜、马如建、吕宏、张银锋、李俊峰、王一飞任副主编，杨光、高健、薛广、包佳、于波、张小红、李旻任主审。编者在编写过程中，得到了有关技术专家和安全专家的大力支持与帮助，并参考了诸多专家学者的有关研究成果，在此一并向他们表示衷心的感谢。

鉴于冶金工程安全生产涉及面广、影响因素多、技术要求高，加之国家、地方规范和标准更新较快，因此本书编制的内容如果出现与现行国家、地方规范和标准不一致，以现行国家、地方规范和标准为准。

由于编者水平有限，书中难免存在疏漏之处，敬请广大读者批评指正。

编　者

2023年10月

目　录

轧钢工程篇

C型封闭料场工程篇

制氧工程篇

高炉工程篇

烧结工程篇

轧钢工程是冶金工程的重要组成部分，对于轧钢工程施工企业来说，轧钢工程施工安全管控能力是企业管理水平的标志。轧钢工程类型多样，涵盖专业多，安全风险高，管控难度大。做好轧钢工程施工安全管控，对于维护施工企业的良好口碑，保持施工企业安全健康发展至关重要。因此，我们组织相关专业人员编写此篇，对轧钢工程施工过程中常见风险进行了归纳，提出了对应的管控措施，并结合标准作业收集了相关图例。

一、轧钢工程概述

（一）轧钢工程简介

从成品类型角度出发，轧钢工程由板带钢工程、钢管工程及型线材工程组成。从建筑角度出发，轧钢工程由钢结构厂房、轧线设备基础、电气室、水处理等公共辅助设施组成。

板带钢工程指轧制宽厚比值大于10的扁平断面钢材。切成定尺的单张产品叫作钢板，而成卷供应的产品叫作带卷或板卷，统称板带钢。

钢管工程由无缝管工程及焊管工程组成，无缝管工程按生产工艺可分为热轧管工程、冷轧管工程及冷拔管工程等，焊管工程按生产工艺可分为高频直缝电焊管工程、螺旋焊管工程及直缝双通埋弧焊管工程等。

型线材工程由型钢工程及棒线材工程组成。型钢工程按生产工艺可分为热轧型钢工程、冷弯型钢工程、挤压型钢工程、锻压型钢工程、拔制型钢工程、焊接型钢工程及特殊轧制型钢工程等。棒线材工程按生产工艺分为棒材工程、线材工程。

轧钢工程施工过程中涉及的专项施工方案较多，详见下表。

序号	方案名称	说明
1	临水临电专项施工方案（用电施工组织设计）	
2	土方开挖专项施工方案	超危大工程，需要专家论证
3	塔式起重机安装、拆除专项施工方案	
4	群塔作业防碰撞专项施工方案	

续表

序号	方案名称	说明
5	高大模板支撑系统专项施工方案(液压站、水泵房等位置)	超危大工程,需要专家论证
6	脚手架专项施工方案	超危大工程,需要专家论证
7	厂房钢结构安装专项施工方案	超危大工程,需要专家论证
8	旋流池专项施工方案(包含地下连续墙等支护)	超危大工程,需要专家论证
9	烟囱专项施工方案	超危大工程,需要专家论证
10	厂外冲渣沟专项施工方案	超危大工程,需要专家论证
11	厂房电气室专项施工方案	
12	彩板安装专项施工方案	
13	设备安装专项施工方案	超危大工程,需要专家论证
14	电气系统调试专项施工方案	
15	大直径管道安装专项施工方案	
16	车间介质管道试压、冲洗专项施工方案	
17	超大吊车梁吊装专项施工方案(跨度≥36 m)	超危大工程,需要专家论证
18	防腐保温及耐材砌筑专项施工方案	
19	大电机安装专项施工方案	
20	大变压器安装专项施工方案	
21	轧机牌坊吊装专项施工方案	超危大工程,需要专家论证
22	油冲洗专项施工方案	

续表

序号	方案名称	说明
23	酸洗专项施工方案	
24	设备单试专项施工方案	
25	全厂热负荷专项施工方案	

（二）常见轧钢生产工艺流程图

(1) 炉卷车间综合流程工艺图见下图。

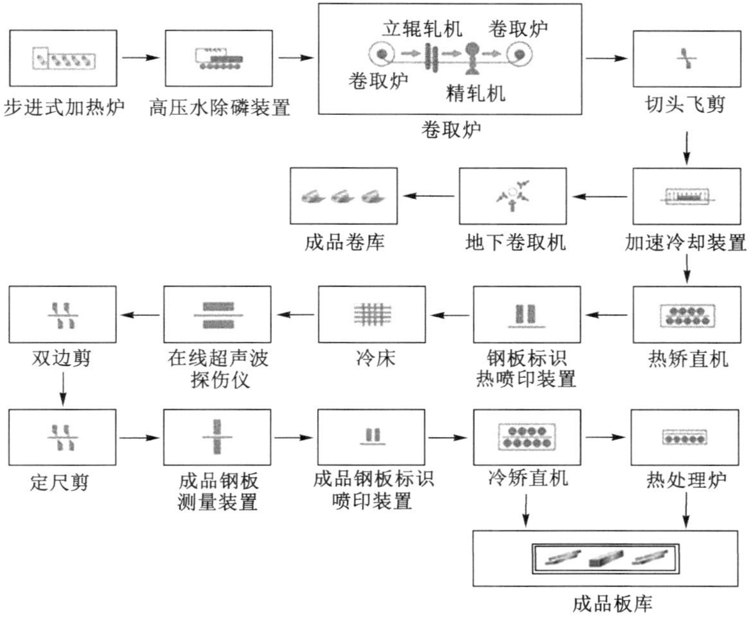

（2）热轧车间综合流程工艺图见下图。

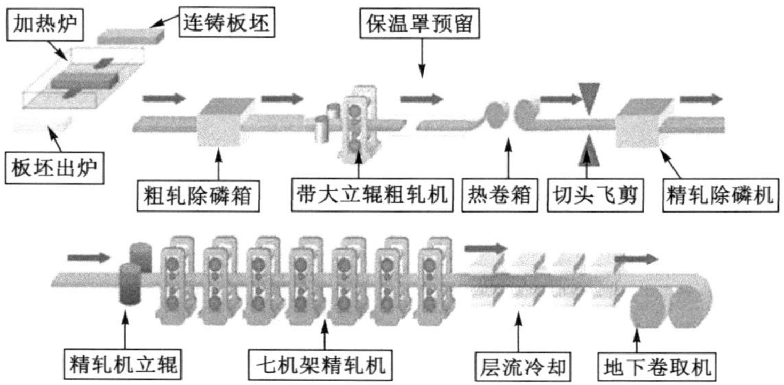

（3）冷轧车间综合流程工艺图见下图。

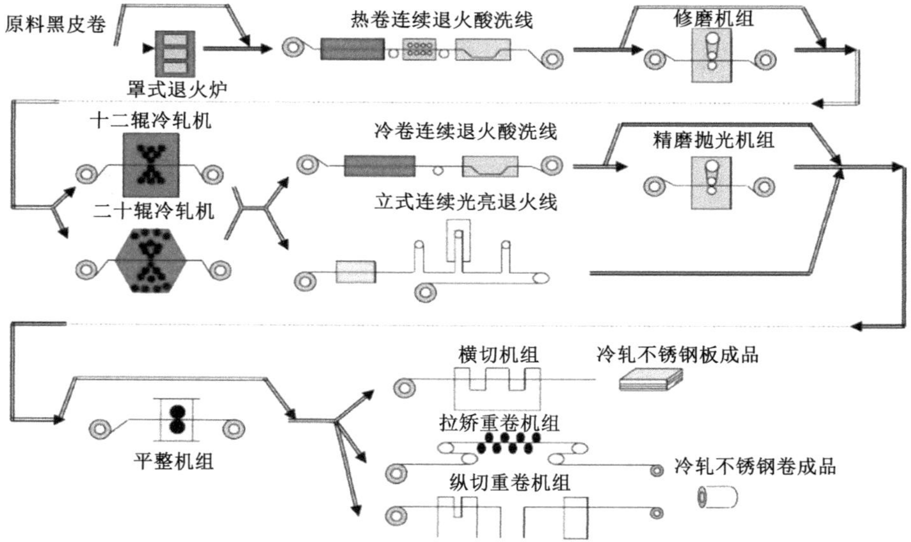

（4）棒线材生产线综合流程工艺图见下图。

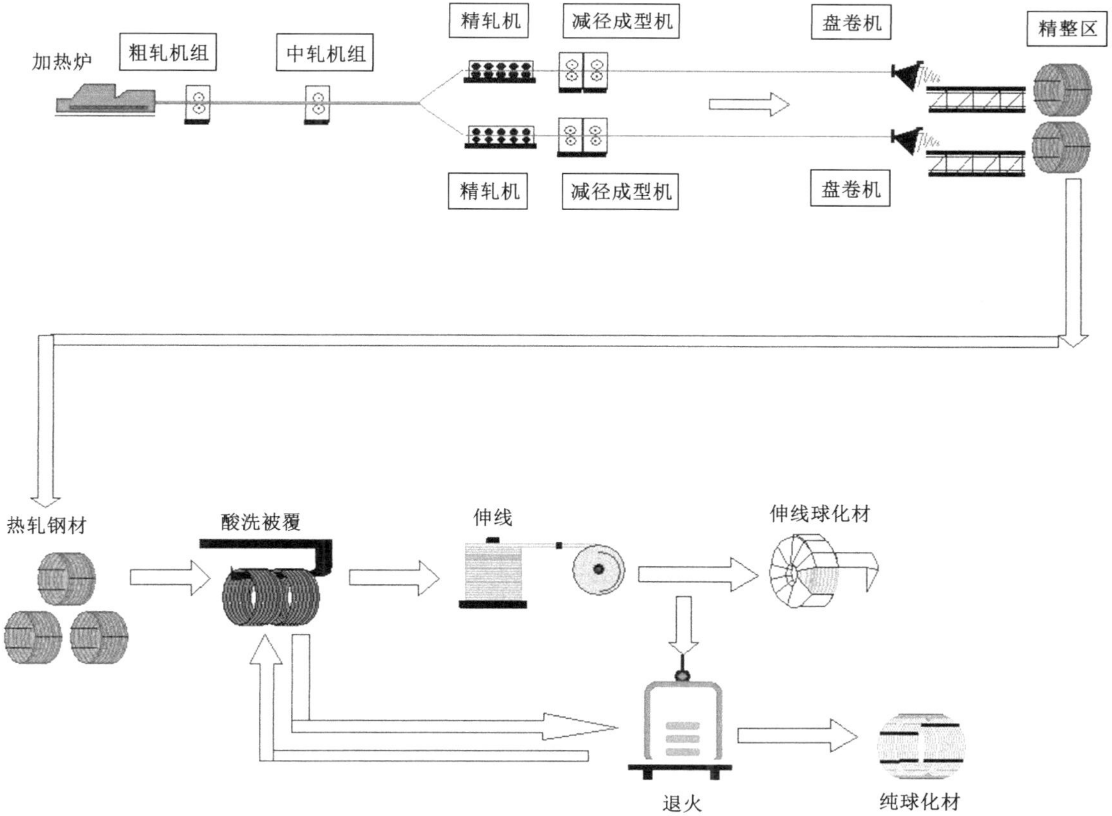

二、轧钢工程常见风险及管控措施

（一）桩基施工

1. 灌注桩施工

序号	风险点	风险分析	管控措施	相关图例
1	机械伤害	(1) 吊索具如钢丝绳、卡环不符合要求。 (2) 起重机吊钩上无防脱钩装置。 (3) 散装物件未采用专用的吊笼。 (4) 未设置警戒区域。 (5) 未设置专职司索工。 (6) 钢筋笼吊点设置不合理或钢筋笼吊点焊接不牢固	(1) 吊索具应经过计算，严格按规范和方案选用，作业前检查合格后方可使用。 (2) 作业前对机械和吊具检查，吊钩应有防脱钩装置。 (3) 散装物件应使用专用吊笼进行吊装。 (4) 设置警戒区域，夜间加设警示灯。 (5) 起重设备应配备专职司索工。 (6) 钢筋笼起吊前对吊挂系统、吊具、吊点焊接的质量进行检查签证。 (7) 严格执行“十不吊”规定	 防脱钩装置

续表

序号	风险点	风险分析	管控措施	相关图例
2	机械倾覆	(1) 吊装作业前无专项施工方案。 (2) 桩机、起重机的地基不平或承载力不够。 (3) 机械行走路线内道路不满足移动要求。 (4) 恶劣天气条件下作业。 (5) 起重机作业前支腿伸出不到位，起重机未调平。 (6) 吊装过程中超工况、超载等违规作业	(1) 作业前应编制专项施工方案，审批通过后进行交底。 (2) 机械进场及时验收、报验。 (3) 作业面地基应平整、坚实可靠，满足桩机正常工作要求，若承载力不够应进行处理或采取相应措施。 (4) 机械行走路线内道路应满足机械移动要求。 (5) 恶劣天气下应停止作业，将桩机顺风向停置，并及时采取固定措施；复工前应进行安全检查。 (6) 起重机作业前支腿伸出到位，起重机必须调平，作业前进行检查。 (7) 吊装过程中严禁超工况、超载作业	 设置缆风绳
3	桩孔跌落	(1) 方案及操作规程交底未落实到位。 (2) 桩孔未设置洞口防护栏杆及警示灯或未及时进行封堵覆盖	(1) 对所有作业人员进行安全交底。 (2) 桩孔应加盖防护，四周设护栏及明显的警示标志，夜间应悬挂警示灯。 (3) 桩完成后应及时回填覆盖	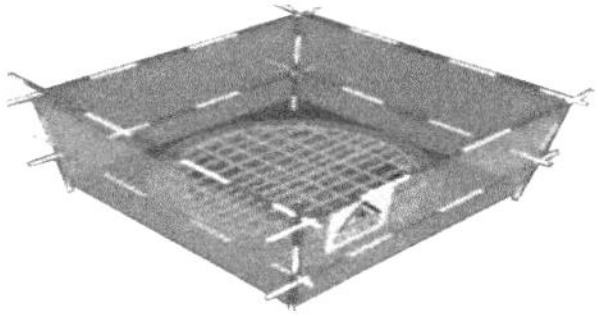 桩孔防护
4	桩孔坍塌	(1) 桩基施工无施工方案或施工方案未经审批。 (2) 清孔后长时间放置才进行混凝土灌注。 (3) 钻进过程中泥浆比重控制有误	(1) 桩基工程施工前应编制施工方案，经审批后方可施工。 (2) 清孔后及时进行混凝土灌注。 (3) 钻进过程中严格控制泥浆比重，按规范要求施工	 桩基施工

续表

序号	风险点	风险分析	管控措施	相关图例
5	钢筋笼吊装	(1) 吊点设置不当。 (2) 吊环设置不符合要求。 (3) 无专人指挥吊装。 (4) 起重机支设不规范	(1) 严格按技术交底要求进行设置吊点及吊环。 (2) 吊装施工必须由专人指挥,安全管理人员进行旁站。 (3) 禁止无关人员进入吊装作业区域内。 (4) 严格遵守施工规范要求。 (5) 加强安全教育培训、安全操作规程培训	 钢筋笼吊装
6	泥浆池	(1) 泥浆池防护措施不到位。 (2) 泥浆池未设置安全警示标志	(1) 泥浆池四周应进行围栏防护。 (2) 泥浆池围栏上应设置醒目的警示标志。 (3) 应定期安排专人进行巡查,定期维护,发现问题时及时进行修复	 泥浆池防护

2. PHC 桩(预应力高强混凝土桩)施工

序号	风险点	风险分析	管控措施	相关图例
1	桩机设备进场及组装作业	(1) 卷扬机及钢丝绳未按照规范检查维护。 (2) 销轴和保险销未按规格配备。 (3) 未配备相应特种作业人员	(1) 对钢丝绳按照《钢丝绳 安全 使用和维护》(GB/T 29086—2012)规范进行使用和维护。 (2) 执行特种设备报监报检制度,人员、资料、设备经过审核检验后方可投用。 (3) 设备安装完毕后需对现场设备(含安全装置)、临时用电、作业人员进行现场复核和验收	 设备进场
2	材料进场	(1) 运输构件时超载、封车不牢固。 (2) 钢丝绳和吊具选型不规范。 (3) 起吊作业不规范。 (4) 桩材摆放不规范。 (5) 管桩强度未达要求便吊装	(1) 超载、桩材封车不牢固的车辆禁止入场。 (2) 吊装夹角不应小于 45°且钢丝绳受力安全系数不小于 8。 (3) 起吊作业时应配有专业指挥吊装人员。 (4) 管桩堆放不超过 3 层,并规范设置防翻滚措施,禁止人员在上部走动。 (5) 卸车前检查桩材合格证和生产日期	 桩材进场摆放

续表

序号	风险点	风险分析	管控措施	相关图例
3	喂桩作业	(1) 钢丝绳未进行班前检查维护。 (2) 未根据桩材型号选择钢丝绳。 (3) 采用长距离拖拉方式取桩。 (4) 静力压桩机在压桩过程中起吊拖桩	(1) 根据规范班前检查钢丝绳。 (2) 根据桩材型号计算吊重合理选配钢丝绳。 (3) 卸桩部位合理规划避免产生长距离拖桩现象。 (4) 禁止静力压桩机在压桩过程中起吊拖桩,桩机发生浮机时,严禁起重机起吊物体,若起重机已起吊物体,应立即将起吊物体卸下,暂停压桩	 喂桩作业
4	送桩作业	(1) 锤击桩送桩时人员在下方未撤离。 (2) 拔送桩器时超过桩机起重能力	(1) 锤击桩在桩锤施打过程中,操作人员应在距离桩锤中心 5 m 以外监视。 (2) 拔送桩器时控制速度,必要时需起重机配合	 送桩作业
5	焊接作业	场地潮湿泥泞时焊工未正确佩戴专用劳动防护用品	规范焊工佩戴手套、绝缘鞋、护目镜等	 接桩作业

续表

序号	风险点	风险分析	管控措施	相关图例
6	桩机移位	(1) 场地承载强度不满足桩机施工要求。 (2) 带锤行走时未将桩锤下落至最低位	(1) 进场施工前需对场地进行处理,以满足桩机组装、作业、行走等要求。 (2) 桩锤下落至最低点后方可行走移位	 桩机移位
7	检修维护及日常作业	(1) 人员攀爬时无防坠器。 (2) 作业完成后未及时将桩锤放至最低位,液压缸未收回。 (3) 对已施工完、地面留下的桩坑未采取填埋遮盖,高耸的桩身未割除	(1) 进场验收时将防坠器作为必检项,人员安全教育交底到位。 (2) 作业完成后及时将桩锤放至最低位,液压缸收回,遇到恶劣天气还应放倒桩架。 (3) 及时对已施工完的桩位进行遮盖、回填,高耸的桩身应割除放倒	 割桩作业

（二）基坑工程施工

1. 基坑开挖作业

序号	风险点	风险分析	管控措施	相关图例
1	基坑临边跌落	（1）未设置安全防护设施或防护不到位。 （2）作业人员专用通道缺乏或设置不合理、不规范。 （3）安全防护栏杆不符合要求。 （4）缺少对应的安全警示标语、标牌	（1）基坑施工深度达到 2 m 时，对坑边作业已构成危险，按照高处作业和临边作业的规定，应搭设临边防护设施，防护设施搭设应满足相关要求。 （2）必须设置作业人员专用通道，基坑施工时，作业人员必须从专用通道通过，以确保安全。 （3）安全防护栏杆搭设完毕后须验收合格，并悬挂验收合格牌。 （4）基坑周边及围挡上应设置醒目的警示标语、标牌或夜间警示灯等设施	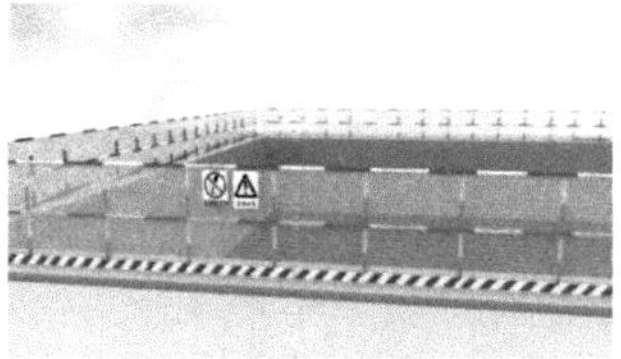 基坑防护栏  作业人员专用通道

续表

序号	风险点	风险分析	管控措施	相关图例
2	基坑坍塌	（1）未按方案施工。 （2）暴雨侵害。 （3）坡顶超载。 （4）基坑支护不及时。 （5）换撑条件不满足要求。 （6）基坑监测不到位	（1）编制专项施工方案，必要时需经专家论证，审批完成后交底，现场严格按照方案实施。 （2）坑顶设置挡水坝或排水沟，坑底设置排水沟。 （3）基坑边坡 1 m 范围内严禁堆放杂物，规定范围内严禁超载堆放。 （4）基坑开挖时做到随挖随撑，先撑后挖。 （5）满足换撑要求后，方可进行换撑施工。 （6）第三方监测的同时，项目部在土方开挖过程中应加强施工观测，主要针对支护体系的变形情况、基坑外地面沉降或坑底隆起变形情况，以及邻近建筑物动态等，确保基坑稳定	 临时排水系统  基坑支护开挖
3	土方机械作业	（1）违反机械操作规程。 （2）未设置安全防护措施。 （3）施工作业区管理不规范	（1）加强安全教育培训、安全操作规程培训。 （2）严格按施工标准及规范施工。 （3）禁止无关人员进入施工作业区域内	 作业区域封闭

续表

序号	风险点	风险分析	管控措施	相关图例
4	起重吊装	(1) 指挥人员和操作人员违章作业。 (2) 吊装机械吨位不满足施工需求,吊点设置不规范。 (3) 支撑构件拼装质量不规范。 (4) 吊装施工区域管理混乱	(1) 起重吊装的指挥人员须持证上岗,作业时与操作人员密切配合,执行规定的指挥信号。 (2) 严格按专项施工方案组织施工,严禁使用起重机进行斜拉、斜吊。 (3) 加强支撑构件拼装质量的检查。 (4) 吊装过程中除相关作业人员外其他作业人员必须远离吊装作业区域	 支撑构件吊装

2. 基坑支护作业

(1) 地下连续墙

序号	风险点	风险分析	管控措施	相关图例
1	成槽	(1) 地面堆载、车辆行走振动导致槽壁坍塌。 (2) 液压成槽机高压胶管弯折、擦碰频繁,易产生破损	(1) 修筑钢筋混凝土道路,保证大型机械行走安全,减小大型机械集中荷载。 (2) 成槽施工过程中严禁起重机、土方机械等在槽孔附近行驶,严禁在槽孔附近堆放重物。 (3) 定期检查液压成槽机高压胶管情况,不得超过压力范围使用,防止高压胶管爆裂伤人	 场地硬化

续表

序号	风险点	风险分析	管控措施	相关图例
2	钢筋笼起吊	(1) 未按方案设置吊点。 (2) 吊环材质不符合要求。 (3) 钢筋笼、吊环焊接不牢。 (4) 钢筋笼起吊过程中变形	(1) 严格按方案设置吊点。 (2) 吊环必须用 HPB300 钢筋制作。 (3) 起吊前检查吊环焊接情况。 (4) 钢筋笼必须按设计要求设置纵横桁架，四周钢筋按照设计要求进行满焊，确保钢筋笼整体刚度，防止吊装时变形破坏。 (5) 定期检查起吊扁担有无变形、滑轮是否滑动顺畅、钢丝绳有无磨损。 (6) 钢筋笼翻身起吊时必须有专人指挥	 钢筋笼吊装
3	槽段口临边作业	槽段口临边防护不到位	混凝土灌注结束后，槽段口应及时覆盖，待槽段内混凝土终凝后，及时回填	 槽段口封闭

(2) 搅拌桩施工

序号	风险点	风险分析	管控措施	相关图例
1	设备移动作业	(1) 桩机安装和施工作业场地高低不平。 (2) 台风、暴雨等恶劣天气施工。 (3) 压脚下方的垫木高低不平。 (4) 场地松软	(1) 桩机安装前,安装场地必须压实和平整,验收合格后,才能进行桩机组装;施工作业场地要整平,并调整桩架垂直度在 1/150 以内。 (2) 根据天气情况,台风、暴雨等恶劣天气停止施工作业,把桩机设备固定好,防止倾倒。 (3) 压脚下方的垫木必须垫平,且每个压脚下方的垫木要保持在同一标高,桩机行走时路轨和轨枕不得下沉。 (4) 设备行走路线上的场地要压实平整	 场地平整
2	操作设备	操作工无相应的资质证书或操作失误	操作工无资质证书不准上岗,严禁操作设备,操作规程必须悬挂在设备的醒目位置,每天班前进行岗位操作规程教育	 设备操作

续表

序号	风险点	风险分析	管控措施	相关图例
3	桩机露天作业	(1) 夏季工人中暑。 (2) 雨天施工时工人摔倒，电线和电控箱短路，发生触电事故	(1) 夏季采取防暑降温措施。 (2) 雨天施工时，应采取防滑措施。 (3) 电缆采用防水的铠装电缆，雨天控制箱等电气设备要覆盖好，做到“一机一闸一保护”	 露天作业
4	SMW工法桩(型钢水泥土搅拌桩)H型钢吊装	(1) 吊装过程中钢丝绳断裂引发H型钢伤人。 (2) H型钢插入时倒塌伤人。 (3) 拔桩时钢丝绳断裂伤人。 (4) 插入的H型钢扭曲变形	(1) 严格检查使用的钢丝绳是否满足吊装要求，不能有破损和断丝现象。 (2) 严格控制H型钢插入的速度，无关人员要远离现场。 (3) 为了减小拔桩的阻力，H型钢必须涂刷脱模剂。同时严格控制起吊H型钢的速度，施工人员远离起吊现场。 (4) 严格检查H型钢的型号是否满足使用要求，同时检查对接的焊缝质量，必要时做探伤检查	 SMW工法桩

（三）设备基础工程施工

1. 模板支撑系统

序号	风险点	风险分析	管控措施	相关图例
1	搭设无施工方案	(1) 未编制支架搭设专项施工方案,或方案未经审批。 (2) 支架承载力不满足荷载要求。 (3) 支架搭设专项施工方案未进行技术交底,作业人员及管理人员对方案不熟悉	(1) 按规定编制支架专项施工方案;对于超过一定规模的危大工程还应当通过专家论证后实施。 (2) 支架方案中承载力经验算确认,每项数据须满足规范要求。 (3) 方案实施前对作业班组、施工员、安全员进行方案交底并作交底记录,方案交底由技术负责人组织、由编制人员或技术负责人进行交底	 专家论证
2	基础承载力不满足设计要求	(1) 立杆地基回填土未夯实,承载力不足。 (2) 立杆底部垫块下部出现架空区域。 (3) 立杆底部垫块过小,承载力小,不满足方案要求,承受荷载时地基不均匀沉降导致支架失稳。 (4) 立杆底部垫块材料不符合方案要求,承受荷载时损坏,致立杆底端悬空而使支架失稳	(1) 支架地基为回填土时必须夯实,压实系数符合方案要求,支架地基承载力必须经计算确定。 (2) 立杆底部垫块应垫平垫实。 (3) 检查立杆底部垫块材质、尺寸,确保满足方案要求;作业脚手架底座垫板采用厚度不小于 50 mm、宽度不小于 200 mm 木板	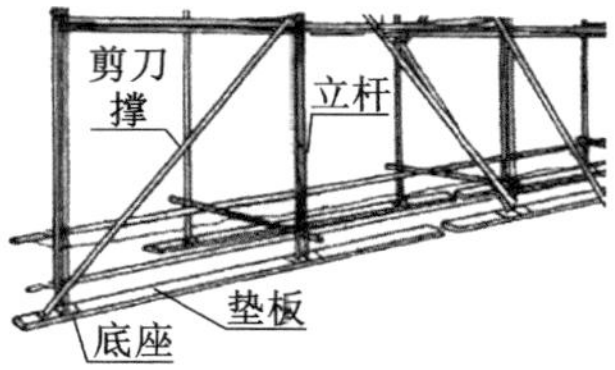 支架基础示意图

续表

序号	风险点	风险分析	管控措施	相关图例
3	模板支架高宽比超过规范要求	模板支架高宽比大于3.0，或满堂支架高宽比大于2.0时未采取加固措施	(1)模板支架高宽比不宜大于3.0。 (2)模板支架高宽比大于3.0或满堂支架高宽比大于2.0时可将支架水平杆对称顶紧结构墙或柱；或按规范要求与结构墙拉结，采用连墙件刚性连接，连墙件水平间距6～9 m，竖向间距2～3 m	 水平杆顶墙
4	支架材料不符合要求	(1)扣件材料不符合要求。 (2)钢管壁厚未达到设计要求；钢管弯曲变形或锈蚀严重等外观不符合要求。 (3)托撑不符合要求	(1)扣件进场时需对其材质进行第三方检测。 (2)验收钢管壁厚，严禁将出现弯曲、裂缝或严重锈蚀现象钢管用于支架搭设；脚手架宜用ϕ48 mm×3.6 mm钢管搭设，扣件扭力矩达65 N·m。 (3)检查验收托撑质量，可调托撑螺杆外径不小于36 mm，支托板厚不小于5 mm，托板与螺杆焊接缝高度不小于6 mm	 检测报告

续表

序号	风险点	风险分析	管控措施	相关图例
5	模板支架搭设不符合规范要求	(1) 立杆下端未落地、上端未到顶，立杆倾斜，立杆未采用对接扣件连接，立杆间距不满足方案要求。 (2) 水平杆步距、连接不符合方案要求。 (3) 可调托撑安装不符合要求。 (4) 模板支撑梁安装不符合要求	(1) 立杆按方案要求搭设，上到顶、下落地，采用对接扣件连接。 (2) 水平杆按方案要求搭设，其搭接长度不小于 1 m，不少于 2 个扣件，单根杆长度不少于 3 跨。 (3) 按规范要求安装可调托撑；托撑螺杆插入钢管长度不小于 150 mm，螺杆伸出钢管长度不大于 300 mm。 (4) 模板支撑梁按方案要求安装	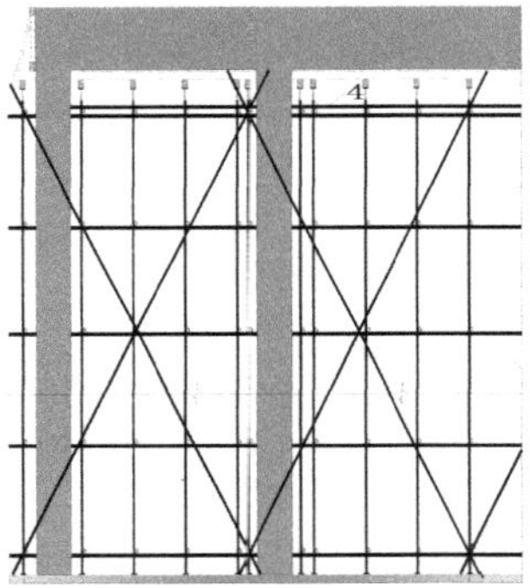 模板支架立面图
6	未按设计、规范要求设置剪刀撑	(1) 竖向剪刀撑未设置，或间距过大，或未连续设置。 (2) 水平剪刀撑未设置，或间距过大，或未连续设置。 (3) 剪刀撑搭设不符合方案要求。 (4) 剪刀撑连接不符合要求。 (5) 加强型剪刀撑搭设不符合要求	(1) 竖向剪刀撑按方案要求设置，支架外侧四周设置，内侧则每隔 5～8 m 设置一道，剪刀撑由底至顶连续设置。 (2) 水平剪刀撑按方案要求设置，当架体高度小于 8 m 时，在架体顶部设置一道连续水平剪刀撑；当架体高度大于或等于 8 m 时，在架体底部、顶部及竖向间隔不超 8 m 处分别设置连续水平剪刀撑。 (3) 剪刀撑按方案要求搭设，其宽度为 5～8 m，角度为 45°～60°；剪刀撑与相交的立杆、水平杆用旋转扣件连接牢固。 (4) 剪刀撑连接时搭接长度不小于 1 m，不少于 2 个扣件。 (5) 加强型剪刀撑按《建筑施工扣件式钢管脚手架安全技术规范》(JGJ 130—2011)要求搭设	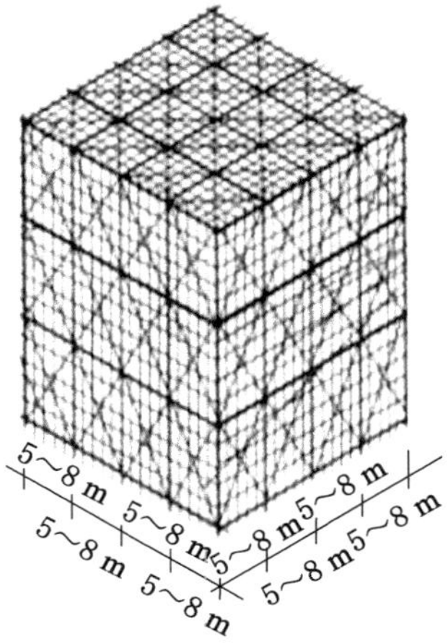 普通型剪刀撑布置图

续表

序号	风险点	风险分析	管控措施	相关图例
7	局部荷载大于设计值	(1) 钢筋等材料堆放集中，荷载过大。 (2) 混凝土浇筑时集中浇筑或混凝土浇筑顺序不符合方案要求，使混凝土浇筑高度超过构件厚度。 (3) 施工机具堆放过密	(1) 材料分散堆放，严格限制材料堆放高度或层数。 (2) 混凝土浇筑应符合方案要求。 (3) 施工机具放置时保持一定的距离	 平台混凝土浇筑
8	支架搭设时立杆、水平杆端部悬挑长度及大小梁悬挑长度不符合设计或规范要求	(1) 扣件式支架顶端托撑伸出顶层水平杆悬臂长度不满足规范要求，或碗扣、盘扣式支架立杆顶端托撑伸出顶层水平杆悬臂长度大于规范要求。 (2) 模板支撑梁悬挑长度大于设计值或材料不符合设计要求。 (3) 扫地杆距基准面高度不符合规范要求	(1) 扣件式支架顶端托撑伸出顶层水平杆悬臂长度不大于 500 mm，碗扣、盘扣式支架立杆顶端托撑伸出顶层水平杆悬臂长度不大于 650 mm，且托撑安装符合施工方案要求。 (2) 模板支架搭设时确保主次梁悬挑长度不大于设计值，主次梁材料符合设计要求。 (3) 扫地杆距基准面高度不大于 200 mm	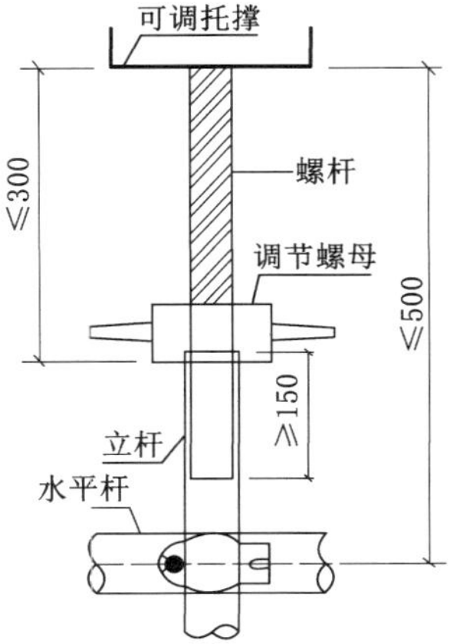 扣件式钢管支架顶部的可调托撑

续表

序号	风险点	风险分析	管控措施	相关图例
9	模板支架架体使用前未检查验收	(1) 在支架搭设过程中未检查，未及时纠正错误，使搭设质量失控。 (2) 支架搭设完成后未联合检查验收，安全隐患未及时纠正。 (3) 支架搭设完成验收后未办理验收记录，未挂验收合格牌。脚手架验收成为形式，脚手架搭设质量失控。 (4) 参加验收人员专业技能不足，验收工作成为形式	(1) 自检：在支架搭设过程中检查，及时纠正错误。支架搭设完成后检查，消除隐患。 (2) 联合检查：与监理（业主）联合检查，发现问题立即整改。 (3) 支架安全问题整改完成后组织验收，并填写验收记录，增加验收人员质量责任。班组、项目部、监理三方签字确认；在架体上挂设验收合格牌并有三方签字。 (4) 参加验收人员须由总工程师来确定，由专业技术员、施工员、安全员及监理组成	 联合验收
10	模板支架拆除时混凝土强度未达到设计要求，或未按顺序拆除	(1) 未达到模板拆除条件时开始拆除作业，如混凝土强度未达要求。 (2) 模板支架拆除未按方案实施，支架拆除顺序错误。 (3) 模板拆除未经技术负责人确认	(1) 模板拆除条件须满足《混凝土结构工程施工规范》(GB 50666—2011)中相关要求；混凝土强度必须经实验室试压同条件养护混凝土试块后确定。 (2) 模板支架拆除先上后下，松脱立杆顶端托撑，拆除模板主次梁，再拆除上端水平系杆并依次向下拆除水平杆，当立杆无水平杆连接时应立即拆除。严禁支撑系统全部拆除后拆除模板。 (3) 模板拆除前经技术负责人确认后实施	 安全技术交底

续表

序号	风险点	风险分析	管控措施	相关图例
11	支架搭设、拆除时安全措施不到位	(1) 场地通风、照明严重不足。 (2) 用电设备存在隐患，防暑降温措施不到位。 (3) 作业人员未持证上岗，作业不规范。 (4) 支架搭设、拆除作业时未设警示标志。 (5) 高空抛物。 (6) 支架及模板拆除后临边、洞口未及时设置安全栏杆，或洞口未及时封堵，引起坠落事故	(1) 作业前检查场地通风、照明条件，确保满足施工要求。 (2) 用电设备经验收合格并挂验收合格牌；防暑降温措施到位。 (3) 确保作业人员持证上岗，作业时加强监督，避免违章作业。 (4) 支架搭设、拆除作业时拉设警戒线或围挡。 (5) 作业时杜绝高空抛物。 (6) 脚手架拆除前检查有无安全隐患，对于脚手架拆除后失去防护的临边、洞口，在脚手架拆除前先行安装防护栏杆，确认无安全隐患后再拆除脚手架	 临边防护

2. 脚手架作业

序号	风险点	风险分析	管控措施	相关图例
1	扫地杆及立杆搭设不符合方案要求	(1) 扫地杆设置不符合要求。 (2) 立杆对接未采用对接扣件或搭接连接长度不足。 (3) 不同基础标高的扫地杆连接长度不足	(1) 扫地杆距底部高度不大于 200 mm。 (2) 立杆对接扣位置错开 500 mm,立杆搭接连接时,搭接长度不小于 1 m 并不少于 2 个扣件。 (3) 高低差的扫地杆搭接长度不小于 1 跨。 (4) 搭设高度 24 m 及以上的落地式钢管脚手架工程(包括采光井、电梯井脚手架)、高处作业吊篮、卸料平台、操作平台工程编制专项施工方案;当搭设高度 50 m 及以上的落地式钢管脚手架工程专项施工方案必须通过专家论证后方可实施	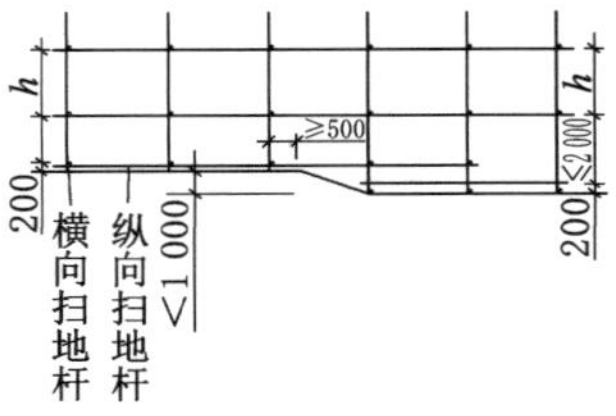 扫地杆构造
2	水平杆、脚手板搭设不符合方案要求	(1) 纵向水平杆长度短且安装位置错误。 (2) 纵向水平杆搭接长度不足,且连接方式错误。 (3) 主节点处横向水平杆设置不符合要求。 (4) 脚手板未满铺、铺稳、铺实	(1) 纵向水平杆长度不小于 3 跨且位于立杆内侧。 (2) 纵向水平杆搭接连接时,搭接长度不小于 1 m 且不少于 3 个扣件。 (3) 主节点处必须设置横向水平杆,并采用直角扣件。 (4) 脚手板必须满铺、铺稳、铺实;脚手板两端与水平杆绑扎牢固,脚手板露出横向水平杆不小于 100 mm;脚手板搭接铺设时,搭接长度不小于 200 mm	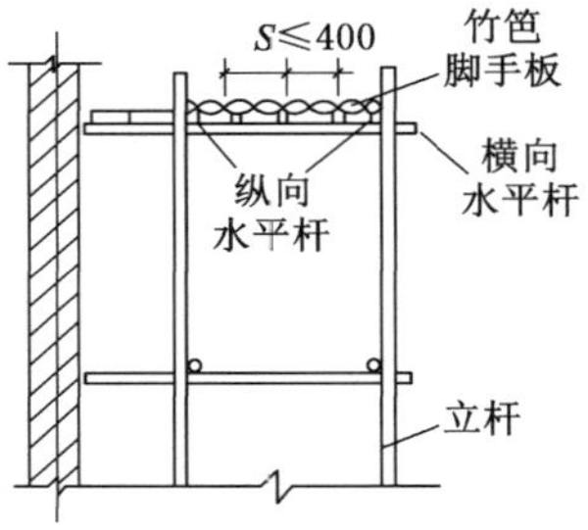 铺竹笆脚手板时纵向水平杆的构造

续表

序号	风险点	风险分析	管控措施	相关图例
3	连墙件设置不符合方案要求	连墙件设置不符合方案及规范要求	(1) 必须采用刚性连墙件,且按方案及规范要求设置。 (2) 连墙件两端设置,垂直间距不大于层高且不大于4 m。 (3) 连墙件连接点中心至主节点的距离不大于300 mm。高度24 m及以上的双排脚手架,连墙件应与建筑物刚性连接。 (4) 施工操作层高出相邻连墙件两步时,应有确保脚手架稳定的临时拉结措施	 连墙件
4	脚手架剪刀撑设置不符合方案要求	(1) 剪刀撑间距大、未连续设置或剪刀撑宽度小、夹角不符合要求。 (2) 剪刀撑设置位置错误	(1) 竖向剪刀撑跨越宽度不小于4跨且不小于6 m,与地面夹角45°~60°之间,剪刀撑应连续设置。 (2) 架体高度小于24 m时,在外侧两端、转角及中间不大于15 m位置设置剪刀撑;大于或等于24 m时脚手架外侧全立面连续设置剪刀撑。 (3) 开口型脚手架在两端设置横向剪刀撑	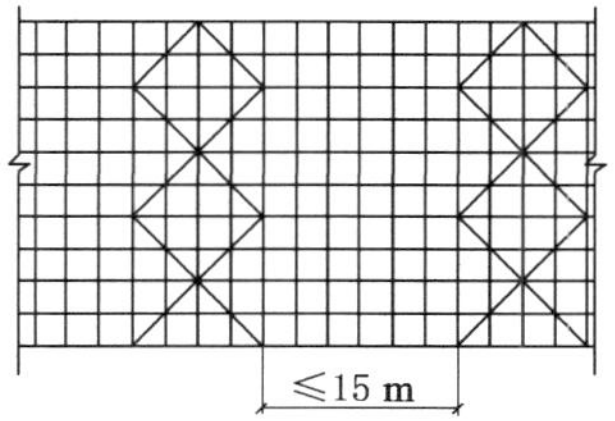 高度24 m以下剪刀撑布置
5	洞口设置不当	脚手架门洞未采取加固措施,或加固措施不当,使脚手架在门洞位置强度减弱引起倒塌	脚手架门洞设置上升斜杆,平行弦桁架结构形式,斜杆与地面夹角45°~60°。当步距h大于纵距时:① h=1.8 m时,立杆纵距不大于1.5 m;② h=2.0 m时,立杆纵距不大于1.2 m	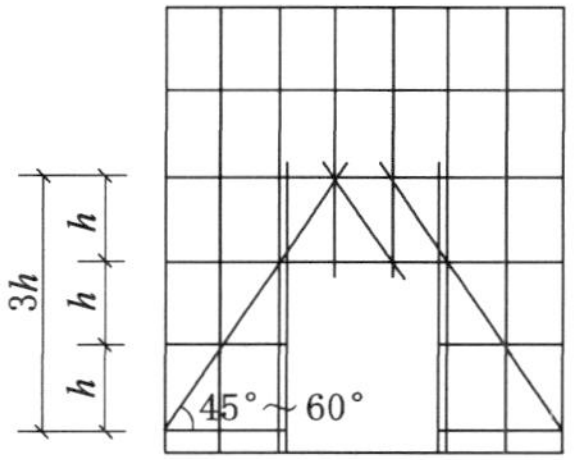 洞口设置示意图

续表

序号	风险点	风险分析	管控措施	相关图例
6	脚手架搭设高度不足	脚手架搭设高度未高出女儿墙、檐口或高出的高度不足	立杆顶端应高出女儿墙上端 1 m,高出檐口上端 1.5 m	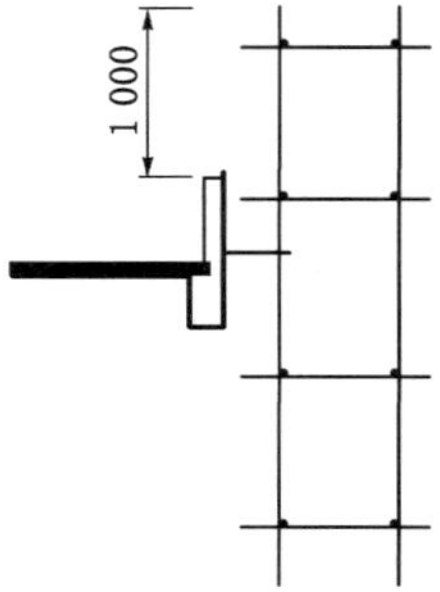 立杆顶端高出女儿墙上端 1 m
7	施工楼梯搭设不符合要求	(1) 施工楼梯宽度、坡度不符合要求。 (2) 栏杆、挡脚板设置不符合要求。 (3) 脚手板铺设不符合要求	(1) 施工楼梯宽度不小于 1.5 m,坡度不大于 1∶6。 (2) 栏杆高度 1.2 m,挡脚板高度不小于 180 mm。 (3) 脚手板满铺,搭接长度、防滑条设置符合规范要求	 施工楼梯搭设

续表

序号	风险点	风险分析	管控措施	相关图例
8	作业层搭设不符合要求	(1) 作业层栏杆、挡脚板搭设不符合要求。 (2) 作业层未满铺脚手板或脚手板与建筑物结构距离过大,引起人员、物料坠落	(1) 栏杆、挡脚板设置在外立杆内侧,上栏杆高度1.2 m,挡脚板高度 180 mm,中栏杆居中设置。 (2) 作业层应满铺脚手板,脚手板与建筑物结构距离不大于 150 mm,作业层脚手板与建筑物结构的空隙大于 150 mm 时应全封闭,防止人员、物料坠落。 (3) 在落地架第二层及中间层不超过 10 m 且不超过三层处满铺一道硬质隔断防护,并在两层硬质防护的中间部位张挂水平兜网,水平兜网挂至建筑物结构。 (4) 脚手架内立杆离墙净距一般不大于 200 mm,如大于 200 mm,必须铺设平整牢固的站人板	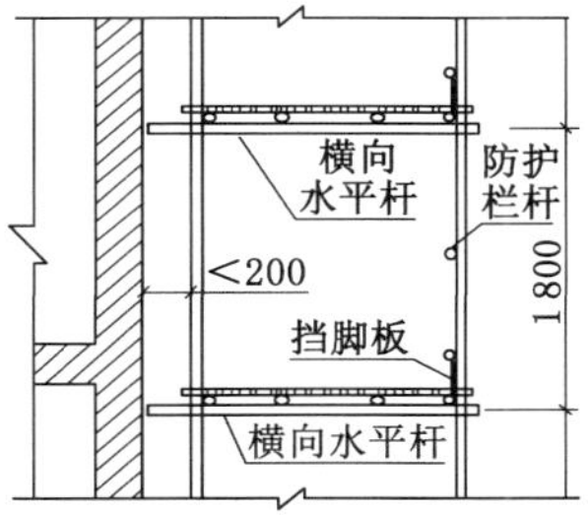 作业层搭设示意图

（四）构筑物工程施工

1. 烟囱施工

序号	风险点	风险分析	管控措施	相关图例
1	方案实施	（1）无专项施工方案、技术措施，或方案未经审批即采用，或违反方案施工。 （2）方案未交底，施工作业人员对施工方案不明确	（1）烟囱施工前要编制详细的专项施工方案，并经过审批及专家论证。 （2）在施工前进行方案交底和安全技术交底	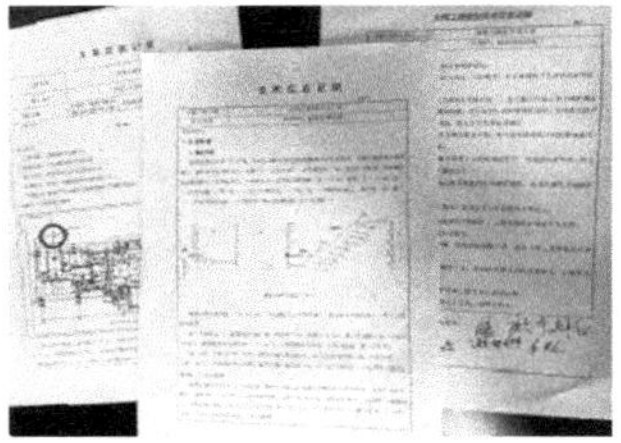 方案及交底记录
2	烟囱基础施工	烟囱基础一般情况下为深基坑工程，风险点同本章“（二）基坑工程施工”	同本章“（二）基坑工程施工”	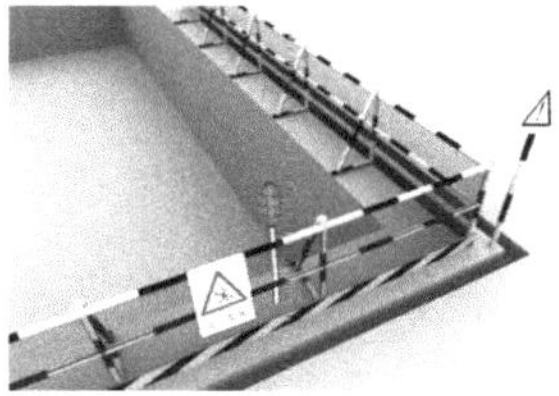 临边护栏

续表

序号	风险点	风险分析	管控措施	相关图例
3	筒身施工（内砌外提）	(1) 信号操作时，信号员精力不集中或与他人闲谈，造成误操作。 (2) 限位装置不正常，井架内的限位装置没有按时检查，失灵造成吊笼冒顶。 (3) 滑轮未经常检查，天、地滑轮没有按时检查，轴承损坏或偏心造成钢丝绳与滑轮产生摩擦而损坏。 (4) 扒杆吊料过载或吊料没有按要求拴挂好，上部吊料人员没有监护造成物体掉落伤人。 (5) 吊笼入口处四周没有封闭，上部掉东西伤人。 (6) 吊笼人货混载。 (7) 更换下弦拉杆时没有一根一根更换，班前没有按时检查。	(1) 信号员要精力集中、认真负责，尤其是夜间当班人员更应该保持精力充沛，不允许与任何人闲谈，严格按照操作规程操作，阴雨天气戴绝缘手套操作以防触电。 (2) 井架的限位装置要经常检查，每周至少试验一次，确保限位装置安全有效。 (3) 天、地滑轮定期进行检查，并做好记录，保证起重运输正常运行。 (4) 扒杆吊料不允许超载，同时拴料必须进行检查，防止上部有任何东西掉落，并做好溜绳工作。 (5) 吊笼入口处设置安全通道，并应符合以下要求： ① 从警戒线开始搭设安全通道，为了确保通道安全畅通，通道必须要有足够的宽度和高度，宽度为 2 500 mm，高度为 3 000 mm。 ② 安全通道的竖杆底部基础必须平整，并用垫木进行垫实。 ③ 安全通道上部的防护板分三层，从底向上，第一层为钢架板或木架板，第二层为 50 mm 厚的木跳板（只在安全通道和烟囱筒壁接触处），第三层为钢架板或木架板。 (6) 严禁卷扬机司机擅自离岗、人员违规乘坐货梯上下。 (7) 起重作业人员在更换下弦拉杆时应按对称更换的原则，以保证平台整体结构的稳定，同时每班要检查一遍下弦拉杆是否受力均匀，否则及时调整。	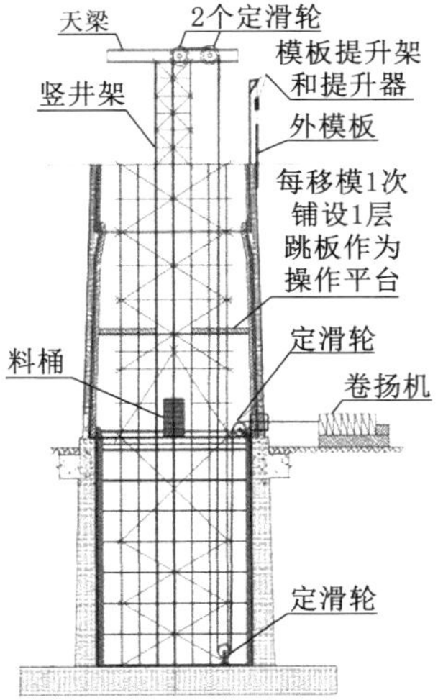 提升工具式模板示意图

续表

序号	风险点	风险分析	管控措施	相关图例
3	筒身施工（内砌外提）	(8) 在绑扎钢筋时，接头处绑扎不足 3 个扣，造成环筋外弹伤人。 (9) 木工作业人员没有挂安全带，在调整内、外模板顶丝时，踩空或倾倒而掉落。 (10) 砌筑平台在调整半径时，向内移动的木跳板未及时绑扎，造成踩空掉落；割掉(锯掉)的钢管梁或木跳板未及时收集运下，造成高空坠物。 (11) 吊中人员、找半径人员在吊线坠或行走时，踩空掉落。 (12) 振捣器的电缆破损漏电伤人。 (13) 爬梯安装人员没有设置双重保护，导致坠落。 (14) 照明不足，妨碍夜间作业	(8) 绑扎钢筋接头处不少于 3 个扣，并固定在立筋上。 (9) 木工作业人员必须挂好安全带，在调整模板顶丝时，不要用力过猛。 (10) 移动的跳板及时绑扎；割除或锯掉钢管、跳板时，需用手接住，不可随意掉落，及时收集，用吊笼运至地面。 (11) 在定位架上方确定中心的人员，必须待提升架提升到位后，方可进行工作。用线坠找半径的人员，脚下要站稳，行走时注意安全。施工人员挂好安全带。 (12) 振捣器所用电缆使用前要进行检查，有破损应及时处理或更换，操作振捣器人员必须戴绝缘手套，穿绝缘鞋保护。 (13) 爬梯安装人员必须采取双重保护，预先将安全绳拴好后下到作业面，再将安全带挂好，再进行作业，且上方设专人监护，以保证安全。同时要求其他人不得进入该施工区，待爬梯安装完、安全网恢复后，方可进行其他作业。 (14) 夜间施工要有足够照明，平台边缘设警示灯，吊笼内的行灯电压不得大于 36 V	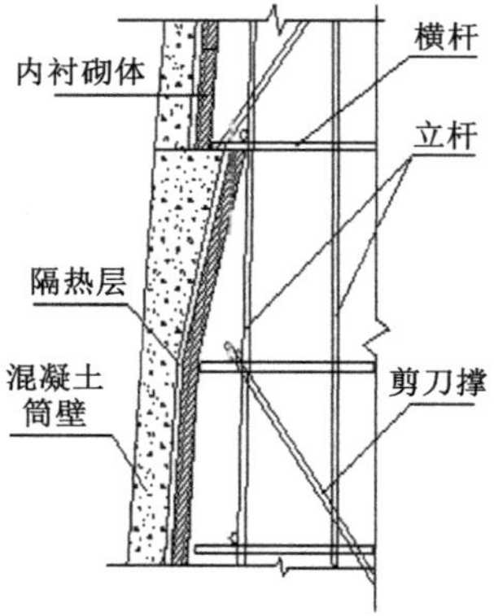 井内架锚固示意图

续表

序号	风险点	风险分析	管控措施	相关图例
4	筒身施工（滑模）	（1）卷扬机司机无资格证上岗。 （2）卷扬机设备安装不符合规范要求。 （3）卷扬机未进行检查。	（1）卷扬机司机必须经专业培训，考试合格，持证上岗作业，并应做到定人定机。 （2）卷扬机安装应符合以下规范要求： ① 卷扬机安装的位置必须选择视线良好，远离危险作业区域的地点。卷扬机距第一导向轮（地轮）的水平距离应在 15 m 左右。从卷筒中心线到第一导向轮的距离，带槽卷筒应大于卷筒宽度的 15 倍，无槽卷筒应大于卷筒宽度的 20 倍。钢丝绳在卷筒中间位置时，滑轮的位置与卷筒中心垂直。导向滑轮不得用开口拉板（俗称开口葫芦）。 ② 卷扬机后面应埋设地锚与卷扬机底座用钢丝绳牵牢，并在底座前面打桩。 ③ 卷筒上的钢丝绳应排列整齐，应至少保留 3～5 圈。导向滑轮至卷扬机卷筒的钢丝绳，凡经过通道处必须遮护。 ④ 卷扬机安装完毕必须按标准进行检验，并进行空载、动载、超载试验。 （3）每日上班前应对卷扬机、钢丝绳、地锚、地轮等进行检查，确认无误后，试空车运行，合格后方可正式作业。	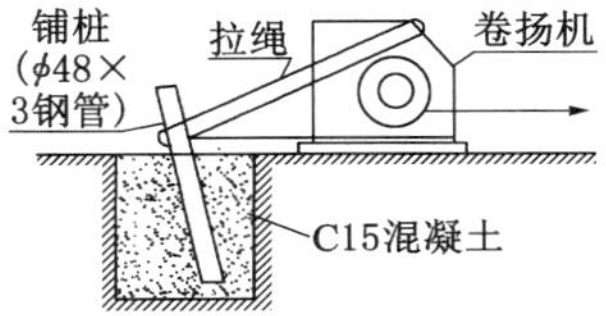 卷扬机固定示意图

续表

序号	风险点	风险分析	管控措施	相关图例
4	筒身施工（滑模）	(4) 卷扬机未按规范作业。 (5) 千斤顶设备存在缺陷。 (6) 千斤顶超额定起重量使用。	(4) 卷扬机作业应按以下规范进行： ① 卷扬机运行时，信号操作人员及司机不得擅离岗位。 ② 卷扬机司机必须听清信号或看清楚作业情况，当信号不明或可能引起事故时，必须停机待信号明确后方可继续作业。必要时应设置专门的信号联系装置。 ③ 吊物在空中停留时，除用制动器外还应用棘轮保险卡牢(没有该装置除外)。作业中如遇突然停电必须先切断电源，然后按动刹车慢慢地放松，将吊物匀速缓缓地放至地面。 ④ 卷扬机安装完毕必须按标准进行检验，并进行空载、动载、超载试验。 ⑤ 保养设备必须在停机后进行，严禁在运转过程中进行维修保养或加油。 ⑥ 夜间作业，必须有足够的照明装置。 ⑦ 卷扬机不得超吊或拖拉超过额定重量的物件。 ⑧ 司机离开时，必须切断电源，锁好闸箱。 (5) 千斤顶应定期拆洗，检查各部件是否灵活，有无损伤；液压千斤顶应定期检查阀门、活塞、皮碗是否良好，液压油是否干净。 (6) 应严格按照千斤顶的额定起重量使用，每次顶升高度不得超过活塞上的标志，如无标志，每次顶升高度不得超过螺杆丝扣或活塞总高度的3/4，以免将螺杆或活塞全部顶起而损坏千斤顶。	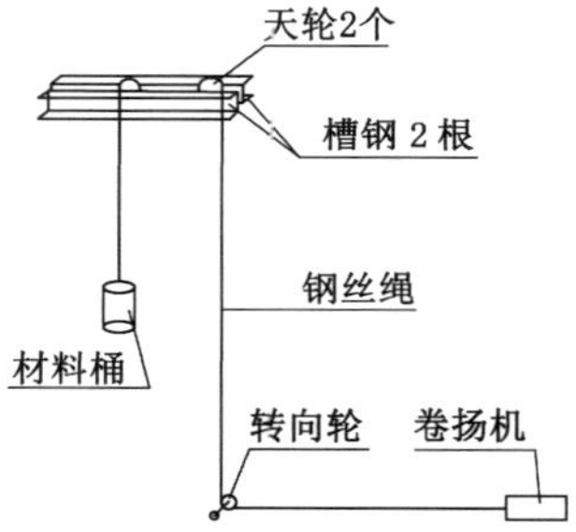 卷扬机上料示意图

续表

序号	风险点	风险分析	管控措施	相关图例
4	筒身施工（滑模）	（7）千斤顶未按规程操作使用。 （8）液压系统使用不当	（7）千斤顶使用时，应放在平整坚实的地面上，如地面松软，应铺设垫板，物件的被顶点应选择坚实的平面部位，还需加垫木块，以免损坏物件；顶升时，先将物件稍微顶起一点后暂停，检查千斤顶、地面垫木和物件等情况是否良好，如发现千斤顶偏斜和垫木不稳等不良情况，必须进行处理后才能继续工作。顶升过程中，应设保险垫，并要随顶随垫，其脱空距离应保持在 50 mm 以内，以防千斤顶倾倒或突然回油而造成事故；用两台或两台以上的千斤顶同时顶升一个物件时，要统一指挥，动作一致，不同型号的千斤顶应避免放在同一端使用。 （8）液压控制台与电机对称设在平台的两边，液压组件油管、千斤顶组装前应清洗干净，液压提升千斤顶布置要求为在轴线上对称的提升架上全部配置双千斤顶，其他的布置单千斤顶。组装好的液压设备试验压力达到设计值方能使用，机油必须保持清洁无杂质，用过一次的要经过滤后方能使用，严禁不同型号和优劣的机油混合使用	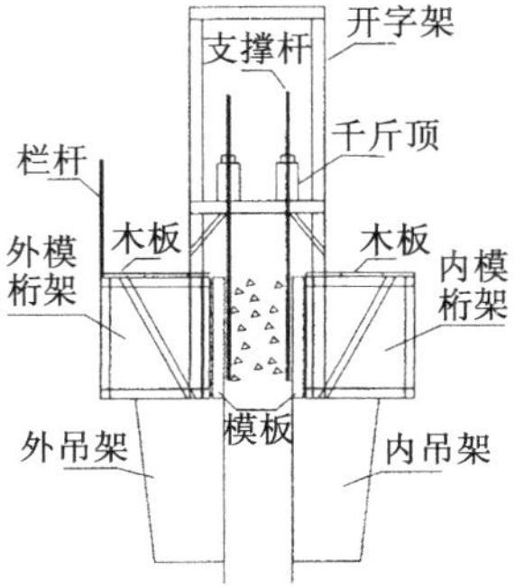 千斤顶与提升架模板示意图

续表

序号	风险点	风险分析	管控措施	相关图例
5	操作平台作业	(1) 作业未交底,施工方案、安全措施没有经过审批,交底不详细,无专人指挥、专人监护。 (2) 危险区域无人监护,危险区域不明显,非施工人员进入出现事故。 (3) 平台上灭火装置被提前拆除,台上无灭火器材等防火设施。 (4) 拆除工具及拆除的物件没有拴绳保护,滑落伤人	(1) 施工方案、安全措施必须经过审批,作业前由专人进行详细的技术交底,设专人指挥、专人监护。 (2) 划出危险区,并做好围栏防护,挂警示牌,设专人警戒监护。 (3) 台上至少有 2 瓶灭火器,以保证拆除过程中切割作业时有灭火设施。 (4) 拆除用工具拴好保护绳,在平台上下或行走时注意脚下,严防滑落,各种构件应传递好,禁止抛掷。模板拆除应分解,并事先用麻绳拴住,禁止成片拆除,以防模板脱落伤人	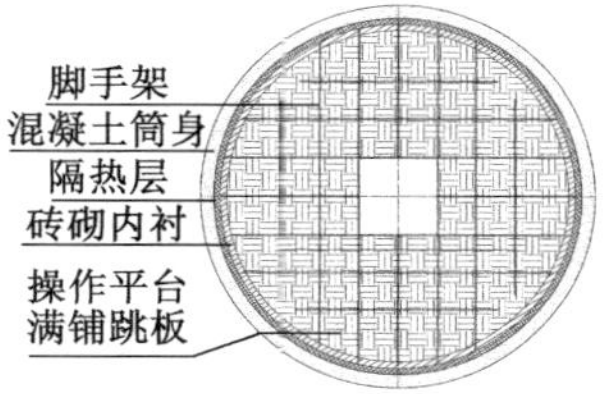 操作平台示意图

续表

序号	风险点	风险分析	管控措施	相关图例
6	烟囱色标涂刷	(1) 吊篮设计、制作不符合要求,分解吊篮的连接点不牢固。 (2) 吊篮的固定不符合要求,吊篮的主吊绳及安全绳固定不牢,拴挂吊篮的分吊点未卡牢。 (3) 作业人员未挂安全绳,未做到人篮分离。 (4) 防火措施不符合要求,涂料属于易燃物品,在吊篮内吸烟,引发火灾,造成人员伤亡	(1) 吊篮的设计、加工均应满足烟囱的坡度及半径,便于作业,连接点应连接牢固。 (2) 吊篮的主吊绳要满足安全系数的要求,受力连接点的绳卡满足规范要求,分吊点的连接采用绳扣和卡扣连接,每班作业前必须对各节点、滑轮、滑车进行详细的检查,无误后方可作业。 (3) 作业时设一根安全绳,作业人员的安全带均拴挂在安全绳上,确保作业人员的安全。 (4) 作业人员进入吊篮不允许带任何火种,更不允许在吊篮内吸烟,防止引起火灾,造成人员伤亡	 筒体航空标识
7	爬梯安装	爬梯安装人员没有采取双重保护,导致坠落	爬梯安装人员必须采取双重保护,预先将安全绳拴好后下到作业面,再将安全带挂好,再进行作业,且上方设专人监护,以保证安全。同时要求其他人不得进入该施工区,待爬梯安装完,安全网恢复后,方可进行其他作业	 烟囱爬梯

2. 水塔施工

序号	风险点	风险分析	管控措施	相关图例
1	方案实施	(1) 危大工程未单独编制安全专项施工方案;超危工程的专项施工方案未组织专家论证,未按要求设置安全防护设施或未进行重点监控。 (2) 施工人员无证上岗,未办理相关手续。 (3) 班前交底不细或未进行危险源告知。 (4) 劳动防护用品使用不正确	(1) 审核专业分包单位上报的安全专项施工方案,履行方案审核程序,按照方案要求监控重点施工工序。 (2) 高处作业人员持证上岗,对施工人员年龄及身心健康状态进行评估,按照高处作业管理办法进行办证、监督、旁站;保险齐全。 (3) 按照方案要求逐级交底,每天进行班前教育,将识别的危险源交底至施工作业人员。 (4) 未正确穿戴劳动防护用品的人员,禁止作业	 水塔立面图

续表

序号	风险点	风险分析	管控措施	相关图例
2	主体结构施工	(1) 内筒洞口坠落。 (2) 满堂脚手架坠落事故。 (3) 滑模施工提升操作架等悬空高处作业坠落事故。 (4) 檐口坠落事故。 (5) 其他高处坠落	(1) 临边设置栏杆，施工人员利用内井架人货梯上下；预留洞口、通道口、上料平台口等都必须设有牢固、有效的安全防护设施(盖板、围栏、安全网)；洞口防护设施如有损坏必须及时修缮；洞口防护设施严禁擅自移位、拆除；在洞口旁操作要小心，不应背朝洞口作业；不要在洞口旁休息、打闹或跨越洞口及从洞口盖板上行走；同时洞口还必须挂设醒目的警示标志等。 (2) 要按规定搭设脚手架、铺平脚手板，不准有探头板；防护栏杆要绑扎牢固，挂好安全网；脚手架荷载不得超过 2.7 kN/m^2；脚手架离墙面过宽应加设安全防护；应实行脚手架搭设验收和使用检查制度，发现问题及时处理。 (3) 加强施工计划落实和各施工单位、各工种配合，尽量利用脚手架等安全设施，避免或减少悬空高处作业；操作人员要避免用力过猛，身体失稳；悬空高处作业人员必须穿软底防滑鞋，同时要正确使用安全带；身体有病或疲劳过度、精神不振等人员不宜从事悬空高处作业。 (4) 在水箱顶作业人员应穿软底防滑鞋；屋面坡度大于 25°时应采取防滑措施；在水箱顶作业不能背向檐口移动；使用外脚手架进行工程施工，外排立杆要高出檐口 1.2 m，并挂好安全网，檐口外架要铺满脚手板；没有使用外脚手架进行工程施工的，应在水箱顶下方设安全网。 (5) 凡 4 m 以上建筑施工工程，在建筑的首层要设一道 3～6 m 宽的安全网。支筒施工时，首层安全网以上每隔四层还要支一道 3 m 宽的固定安全网。施工层采用立网做防护时，应保证立网高出构筑物 1 m 以上，且立网要搭接严密，并要保证规格和质量，水箱的斜桁架施工也要参照此规定执行	 水塔满堂脚手架  水塔钢筋绑扎

续表

序号	风险点	风险分析	管控措施	相关图例
3	井架作业	(1) 内井架倾翻。 (2) 高空抛物	(1) 缆风绳必须四面绷紧,如井架较高时,中部应再增设缆风绳,以保证架身稳定。 (2) 根据水塔高度,在地上划出禁区,非操作人员不得入内;在上料塔架底部应搭设防护棚,以防落物伤人;在水塔外面根部,应搭宽度大于 4 m 的安全网	 井架施工
4	井架操作	无指挥工进行物料提升、升降机运行	垂直运输料具时必须有联系信号,并有专人指挥	 物料提升

续表

序号	风险点	风险分析	管控措施	相关图例
5	塔架、脚手架作业	高耸建筑施工无避雷措施	塔架或脚手架高度超过 10 m 时应设避雷针	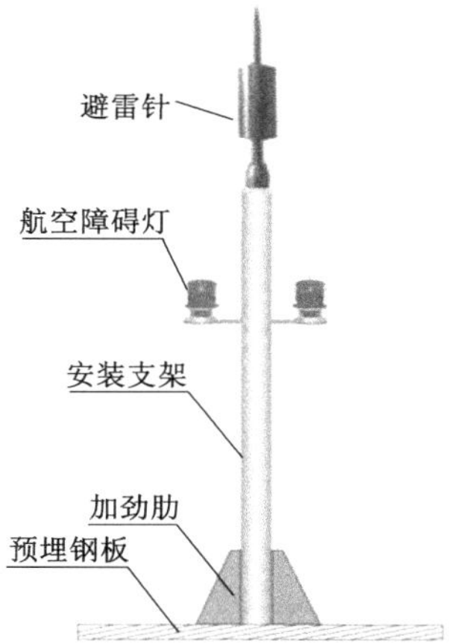 避雷针安装效果图
6	外部涂料施工	无可靠的安全防坠落措施	利用提升式脚手架平台进行装饰施工;施工人员正确使用安全带及防坠绳;底部设置安全平网	 临边护栏

续表

序号	风险点	风险分析	管控措施	相关图例
7	水箱施工	(1) 预制水箱液压提升。 (2) 现浇水箱施工	(1) 预制水箱提升施工方案经专家论证后执行;提升架应与筒体结合面结合紧密,高低不平处须用垫片垫平;先进行水箱下环梁的吊点锚紧,调整上部长度,保证水箱的水平度。液压系统安装完毕后应进行试运转,先充油排气,然后加压至12 MPa,每次持压5 min,重复3次后检查各密封处是否渗漏,待各部工作正常后接通千斤顶。 (2) 第一次提升时,水箱离支点25 mm时停止4 h,以观察此阶段是否有异常现象。提升时发现千斤顶不同步应及时调整进油量控制千斤顶升差。提升过程中,须随时察看水箱的水平度,发现不平随即调平。提升结束后应检查各锚固端是否锚固牢靠,如有问题应及时锚紧,并用木楔把水箱下环梁与筒身之间空隙楔紧,水箱上环梁用钢支撑固定。 (3) 现浇水箱施工方案经专家论证后执行;支架要经过计算满足要求;水箱现浇属于高处作业,应做好安全教育、安全技术交底。定期对施工人员进行安全教育;水箱底钢桁架、操作平台、模板安装过程中,派专人负责安全检查,发现问题及时处理;桁架下满挂兜底网,桁架上满铺竹架板,顶部沿环梁设置一圈栏杆,满围密网。桁架在使用期间,要每天检查桁架与拉索的连接情况。当发现连接有松动时要立即停止使用,经加固后方可使用;模板安装和拆模过程中,安全围护(根据水塔安全围护专项施工方案设置)范围内不得站人,非施工人员不得入内,并派专人看守;模板拆除时,严禁使用大锤,严禁将拆卸的杆件向地面抛掷。操作平台上模板要及时运至地面堆放,平台上模板堆放不得超过3层。拆模如遇中途停歇,应将已松动、悬空、浮吊的模板或支架进行临时支撑牢固,对活动部件需一次拆除。在浇筑混凝土过程中,派专人对模板支撑系统进行观测,如发现有松动、变形等情况,必须立即停止浇筑,撤离作业人员,并采取相应的加固措施	 水箱提升  水箱箱盖钢筋加固

3. 旋流池沉井法施工

序号	风险点	风险分析	管控措施	相关图例
1	沉井下沉作业	(1) 沉井制作前地基处理不到位,制作期间倾斜或突沉。 (2) 未按照方案设计的分节下沉高度和次数施工。 (3) 下沉取土时,刃脚下部超挖过多。 (4) 方案设计不完善,工况计算不完整,未制定针对性措施	(1) 严格按照方案进行地基处理,砂垫层按规范施工和验收。 (2) 严格按照方案的分节次数和高度进行施工。 (3) 出现难沉情况,采取助沉措施,刃脚不能挖空过深,作业人员不得在刃脚内侧逗留。 (4) 对所有工况进行计算,并制定针对性措施	 场地平整
2	降排水作业	挖土过程中出现较严重的流沙或涌水	严格按照方案实施降排水措施,并准备应急物资	 井底排水

续表

序号	风险点	风险分析	管控措施	相关图例
3	沉井监测	(1) 沉井预计塌方影响范围内的不确定风险。 (2) 沉井塌方范围超出预计,影响范围扩大	(1) 严格按照方案设置警戒区,预计塌方影响范围内严禁无关人员逗留,临时建构筑物不得设置在影响范围内。 (2) 严格按照方案进行变形监测,当变形达到报警值时及时启动应急预案	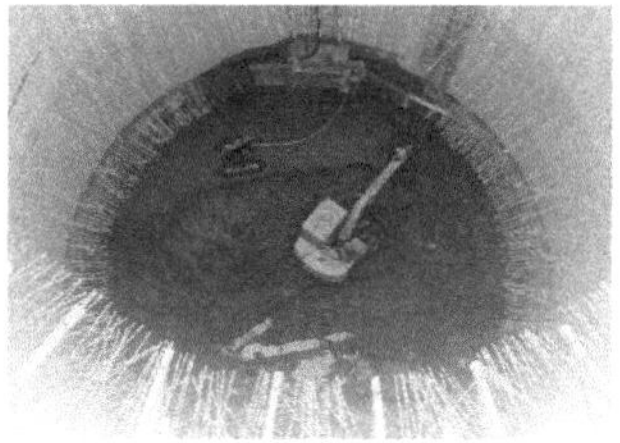 变形监测
4	起重吊装	(1) 起重机站位处地基承载力不足。 (2) 指挥人员未在指定位置,指挥信号不清。 (3) 违反起重作业“十不吊”原则	(1) 对沉井外起重机站位场地持续进行回填平整作业。 (2) 起重作业指挥人员应在沉井顶部视线良好的位置指挥作业。 (3) 严格遵循起重作业“十不吊”原则	 起重吊装
5	脚手架作业	(1) 外脚手架发生不均匀沉降。 (2) 悬挑架搭设过程中的高处作业风险	(1) 外脚手架搭设前,地基平整夯实,立杆底部浇筑混凝土垫层;外脚手架不得与沉井壁设置刚性连墙件。 (2) 悬挑架搭设过程中,作业人员按规范系挂安全带,沉井内部设置安全平网	 外脚手架搭设

续表

序号	风险点	风险分析	管控措施	相关图例
6	水下作业	(1) 特种作业人员未持证上岗。 (2) 作业人员不清楚现场环境。 (3) 安全防护设施和设备不齐全	(1) 核实特种作业人员持证状况和身心健康状况。 (2) 对作业人员进行安全技术交底,交代清楚水下环境状况和可能存在的风险、障碍物等。 (3) 潜水服、救生筏、通信装置等专业安全防护设施配备齐全,使用前检查其技术状态	 水下封底
7	安全设施设置	(1) 爬梯不牢固,连接点间距过大,材料不满足方案设计要求,焊缝质量差,存在脱落风险。 (2) 爬梯无护笼,顶部未设置防坠器,存在高处坠落风险。 (3) 沉井顶部通道防护栏杆设置不到位	(1) 严格按照方案制作和安装爬梯。 (2) 爬梯设置护笼和防坠器。 (3) 沉井顶部内外设置防护栏杆	 爬梯安装
8	作业环境与监测	地下作业空气不流通,含氧量低;深挖后地下土层出现不明危害气体	采用气体检测设备定期检测,确认井内空气环境正常后方可下井作业	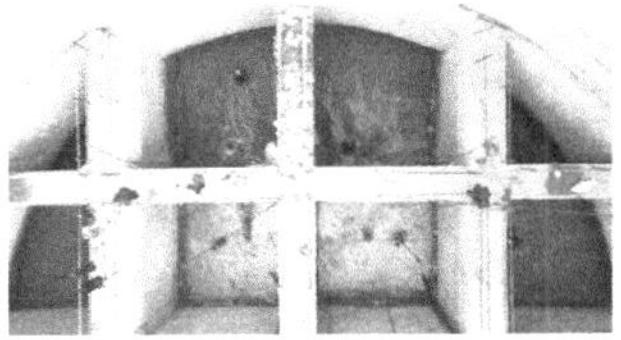 井下作业

（五）钢结构工程施工

1. 钢结构制作生产

序号	风险点	风险分析	管控措施	相关图例
1	机械设备无防护装置、未做保护接零、无漏电保护器	（1）未按规范要求设置防护装置。 （2）装置安装未做保护接零、无漏电保护器等易造成触电事故	严格执行规范规定，使用前必须安装防护装置及漏电保护装置，并做好定期保养、检查	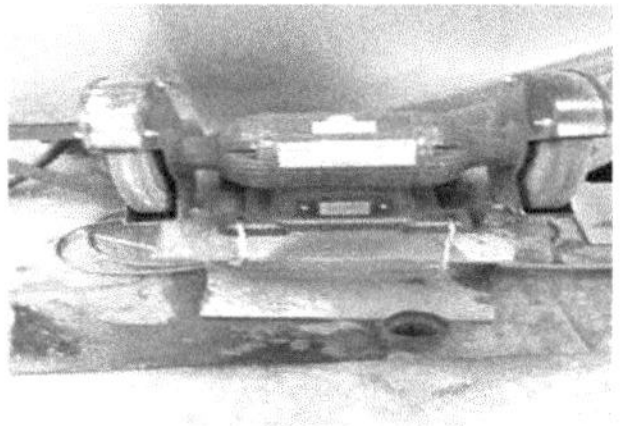 设备防护及接地
2	设备运转时操作人员离开，未切断电源；设备发生故障，带病作业	（1）未执行安全操作规程。 （2）无人操作的设备或带病作业的设备易出现触电、机械伤害等事故	严格执行规范规定，坚决禁止设备带病工作	 设备运行
3	在含有易燃、易爆或腐蚀性气体及潮湿等特殊环境中使用电动工具	未执行安全环境操作规范	严格执行规范规定，在环境不明的状态下禁止操作	 悬挂风险告知牌

续表

序号	风险点	风险分析	管控措施	相关图例
4	涂装作业区钢构件倒运、摆放时未采取固定或捆扎措施，支护不稳	未严格按要求进行构件的倒运并做好固定或捆扎措施，易造成物体打击或其他伤害	严格按照安全操作规程操作，对于不同类型构件采取专门的倒运摆放固定措施	 构件绑扎
5	油漆的储存和使用违反有关消防管理的规定	未严格执行消防安全管理相关规定	严格执行消防安全管理相关规定，油漆库必须通风、防雷、无火等	 油漆存放
6	构件装卸车过程中违章作业；运输过程中发生封车不牢固或者驾驶员操作失误	作业人员及驾驶人员安全意识淡薄，未严格执行安全操作规程，易造成人员或车辆伤害	加强对作业人员及驾驶人员的安全教育，严格执行安全规范，遵守交通安全规章	 构件运输

2. 钢结构安装

序号	风险点	风险分析	管控措施	相关图例
1	钢柱安装	钢柱就位时临时爬梯绑扎不牢、登高摘取绳索时无防坠落措施	每根钢柱必须设置临时爬梯和安全绳供施工人员上下使用，临时爬梯用 ϕ12 mm 圆钢制作，爬梯横向采取焊接连接，焊接方式采取双面搭焊，焊接长度不小于 6 mm，安全绳上要有防坠器	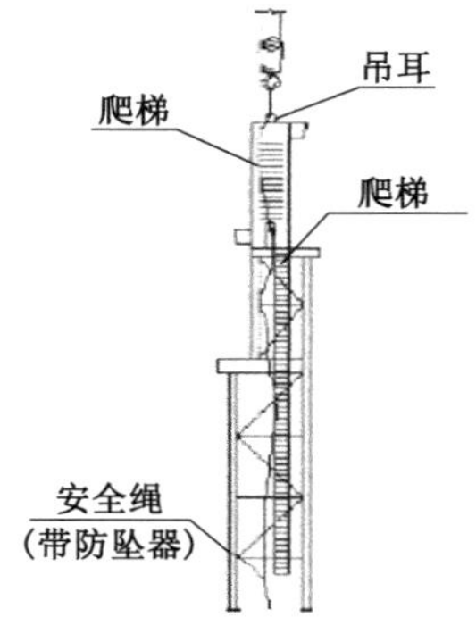 钢柱安装安全设施
2	吊车梁安装	(1) 吊车梁系统安装构件就位时，未设置施工人员上下措施，吊车梁构件未固定或固定不牢。 (2) 吊车梁上安装栏杆时，未按要求系挂安全带	(1) 吊车梁与柱进行螺栓连接时，由于柱牛腿断面较小，施工比较危险，设置临时爬梯或固定爬梯，供吊车梁安装人员上下及施工用，单片吊车梁立放时架设钢管支撑，防止吊车梁倾覆。 (2) 吊车梁安装就位后，及时与柱子进行连接，并在梁的两侧拉设安全绳，以保证施工人员行走安全。 (3) 吊车梁上安装栏杆时，作业人员应系挂安全带	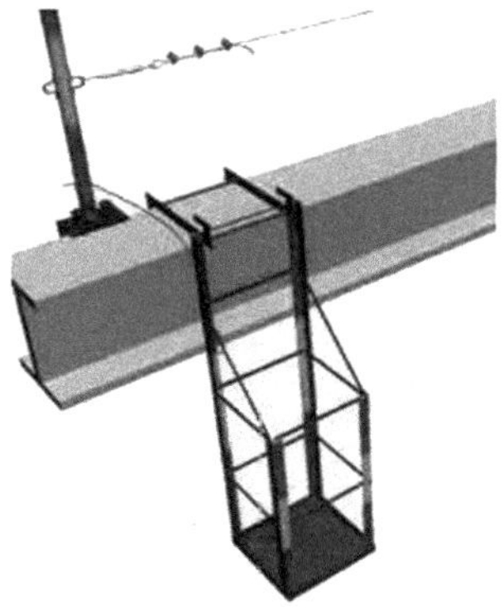 安全挂笼

续表

序号	风险点	风险分析	管控措施	相关图例
3	大型吊车梁双机抬吊	(1) 双机抬吊时，负荷分配不合理。 (2) 吊车梁吊装吊耳，未按专项施工方案设置。 (3) 吊车梁吊装场地不符合要求。 (4) 吊车梁在吊装时安全措施不到位。 (5) 吊索不满足安全系数要求。 (6) 操作、指挥人员无证上岗。 (7) 6 级以上大风仍进行吊装	(1) 双机抬吊时起重机如需带载行走，应缓慢行走；双机抬吊作业时，单机起吊载荷不得超过允许载荷的 80%。 (2) 吊车梁吊装吊耳按专项施工方案设置。采取四点吊装，吊点相对于吊车梁中心对称设置，每只吊耳安全负荷为 60 t。 (3) 吊车梁运行路段及履带式起重机站位的回填土要求分层夯实碾压后上铺 800 mm 厚道砟重复碾压，在路基箱铺设前后区域利用履带式起重机进行重复碾压；地基承载力不小于 127.5 kPa。 (4) 吊装时梁两端须绑溜绳，防止碰撞已安装好的钢柱以及其他构筑物。吊车梁安装前在上翼缘沿纵向拉设安全绳（ϕ12 mm 镀锌钢丝绳）。单根吊车梁安装就位后，及时与柱子进行连接，并在梁的两侧拉设溜绳，以保证吊车梁稳定。 (5) 吊索必须在使用前进行检查，发现断丝、破股立即更换。吊索必须满足 6 倍的安全系数。 (6) 准确、及时、如实做好班前交底记录和班后运转记录；吊装作业时，吊臂和吊装构件行走范围内严禁站人。 (7) 操作、指挥人员应持证上岗。 (8) 6 级以上大风应禁止吊装作业	 双机抬吊

续表

序号	风险点	风险分析	管控措施	相关图例
4	屋面梁安装作业	屋面系统安装构件就位时，安全绳设置不规范，未按要求张挂安全网或张挂不规范	屋面梁由于断面较小，屋面体系结构小件比较多，安装焊接量较大、工作时间长，在安装屋面梁及屋面檩条等结构时，施工人员必须在屋面梁上行走，为确保人员安全，屋面梁上设置安全绳，供施工人员系挂安全带用；在梁柱节点处预设安全吊篮，供人员操作用；在屋架下弦张挂安全网，与屋面梁的加劲板应力孔用铁线连接，确保作业时人员安全	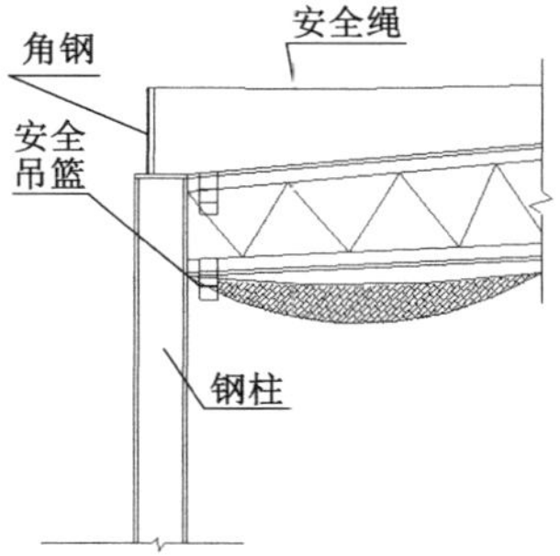 屋面梁接口安全设置
5	屋面檩条安装	(1) 挤压伤害：檩条安装对位过程中发生肢体挤压。 (2) 物体打击伤害：檩条安装过程中安全带脱钩、螺栓掉落、安装工器具掉落。 (3) 高空坠落：安装檩条过程中出现安全带脱钩现象。 (4) 触电事故：焊接过程中出现触电事故	(1) 落实安全技术交底，明确檩条安装步骤与工人的协调情况，配备指吊人员及现场安全监管人员，发现违规现象立即制止。 (2) 檩条安装范围拉设警戒线，禁止交叉作业，檩条吊装前需确保绑扎牢固，端部螺栓螺母无松动，工器具装入工具包等。 (3) 严格按照方案落实安全防护措施。 (4) 落实焊接接地措施，定期对焊把线进行检查维护，破损电线禁止使用	 檩条安装

续表

序号	风险点	风险分析	管控措施	相关图例
6	屋面板安装	(1) 机械伤害:使用压板机过程中高架台的滚轴挤压人员造成伤害。 (2) 高空坠落:屋面板施工过程中安全带脱钩。 (3) 屋面板刮伤人员:屋面板边缘较为锋利,操作不当或出现刮伤现象。 (4) 屋面板安装时安全绳设置不符合要求	(1) 落实班前安全技术交底,配备危险源警示牌并做好相应的维护隔离措施。 (2) 定期对屋面的安全措施进行维护,对安全绳的连接点、安全带等进行定期保养。 (3) 风力大于 6 级时禁止进行吊装作业,铺设的屋面板需及时进行固定。 (4) 屋面板安装时,人员上下借助离铺板位置最近的主檩条或者防坠绳攀爬,人员上下应严格系挂好安全带,安全带必须是双钩,移动时双钩切换使用,作业时双钩分别可靠系挂,若安全带无地方系挂或者高空行走时,在施工前必须确定好系挂安全带的临时位置、设置好安全绳,并在临时位置或安全绳上系好安全带	 屋面板安装
7	墙面板安装	(1) 高空坠落:墙面板施工过程中发生安全带脱钩坠落现象。 (2) 机械伤害:不合理使用卷扬机导致的伤害事故。 (3) 物体打击伤害:墙面板安装过程中出现脱钩现象。 (4) 墙面板安装时,护笼爬梯与现有结构张挂时缺乏安全措施	(1) 施工墙面板前需严格落实上一道工序的检查工作,确保安装的檩条已紧固或焊接到位,使用的施工爬梯禁止超员,单根安全绳禁止超员使用,必须系挂双钩安全带。 (2) 定期维护卷扬机,严格按照方案进行墙面板的安装工作。 (3) 作业面区域拉设警戒线,合理开设墙面板吊装孔,禁止生拉硬拽。 (4) 施工爬梯为“井”字形护笼爬梯,上部采用挂钩与墙面板安装位置檩条系挂牢靠,且在施工过程中爬梯底部必须落于混凝土地面或底部与其他结构檩条连接,保证爬梯连接的牢靠性。在爬梯上的作业人员,爬梯两旁应附有安全绳,安全带扣在安全绳上,保证作业人员的安全	 墙面板安装

续表

序号	风险点	风险分析	管控措施	相关图例
8	钢结构拆除	(1) 未严格遵守试吊的原则。 (2) 两台起重机未遵循步调一致原则。 (3) 拆除作业场地不符合要求。 (4) 未遵守统一指挥纪律。 (5) 拆除作业区域管控不符合要求	(1) 根据方案选择的吊点进行试吊，在构件最低点离开地面或组装台 500 mm 后，查看各起重机分担的重量是否在起重机性能范围内，如不相符及时调整吊点位置。 (2) 起重机司机必须注意力高度集中，在总指挥下达指令后应立即执行，两台起重机动作协调，步调一致。 (3) 起重机站位和行走的道路应坚实、平整。 (4) 选派有经验的起重工进行吊装指挥，设总指挥一名，每台起重机设副指挥一名，总指挥负责指令的发出，副指挥监护起重机司机的执行情况，同时查看构件和绳索有无异常现象。 (5) 作业前需在拆除建筑物周边拉设大于 5 m 有效半径的红白旗，防止闲杂人员误入拆除区域，并安排专人把守；动火作业前需注意排查胶带或电缆的位置，如在作业范围内，需适当铺设防火毯进行防护。风力大于 6 级时，严禁进行拆除作业。同一侧面，严禁两组作业人员上下同时开展拆除作业	 钢梁拆除  通廊钢结构拆除

续表

序号	风险点	风险分析	管控措施	相关图例
9	钢构件临时固定	(1) 钢柱与地脚螺栓就位时，摆放螺栓垫板发生挤手伤害。 (2) 吊车梁系统安装构件就位时，制动板等构件未固定或固定不牢，物料坠落。 (3) 屋面板安装时未及时固定，强风吹掀屋面板。 (4) 钢柱系统安装、屋面系统安装构件就位时，物料坠落	(1) 加强班前安全教育，告知各种危险源，施工过程中加强旁站与现场施工动作的纠正。 (2) 各附属零散构件安装时，需同步落实固定工作。 (3) 屋面板施工时不可冒进，需同步落实板体打钉固定工作，强风下禁止铺设压型板；严格执行方案中各构件的安装顺序，落实临时固定措施及各阶段的抗倾覆措施。 (4) 钢柱系统安装、屋面系统安装构件就位时，应及时进行安装固定，防止物料坠落	 钢柱缆风绳临时固定
10	起重吊装作业	(1) 吊装用钢丝绳规格不匹配。 (2) 吊装用钢丝绳破损、变形。 (3) 吊装选用的起重机械安全系数低。 (4) 作业面无安全设施或不符合规范要求。 (5) 吊装作业未考虑风向、风力因素	(1) 明确吊装用钢丝绳的直径、类型；校验起重机吨位及地基处理情况。 (2) 破损钢丝绳禁止使用。 (3) 严格按照方案落实安全措施的部署，并定期组织验收。 (4) 风力大于 6 级时禁止进行吊装作业；台风及暴雨天气需提前做好加固措施	 屋面梁吊装

续表

序号	风险点	风险分析	管控措施	相关图例
11	各工序验收	未按步骤实时进行验收	加强高危方案的同步验收及纠察工作，发现未按方案实施的情况及时叫停；对存在的安全隐患及时止损改正	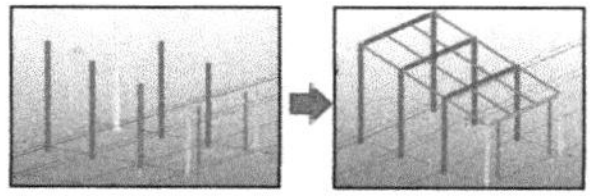 三维模型
12	其他	射线探伤作业控制区外无警示标志，无关人员进入	(1) 正确使用防护用具，严格监督落实。 (2) 存在放射性作业区域需在时间和空间上进行隔绝，严格作业面交错施工，落实现场各出入口的巡视工作。 (3) 做好危险源告知提示	 危险告知牌

（六）起重机械安拆作业

1. 塔式起重机安拆作业

序号	风险点	风险分析	管控措施	相关图例
1	塔式起重机混凝土基础施工	塔式起重机的混凝土基础不符合说明书、方案或安全使用要求	（1）混凝土基础按塔式起重机制造厂的使用说明书要求制作；使用说明书中混凝土强度未明确的，混凝土强度等级不低于C30。 （2）基础表面平整度允许偏差1/1 000。 （3）预埋件的位置、标高和垂直度以及施工工艺符合使用说明书要求。 （4）起重机的轨道基础或混凝土基础应验收合格后，方可使用。 （5）起重机的轨道基础、混凝土基础应修筑排水设施，排水设施应与基坑保持安全距离。 （6）起重机的金属结构、轨道及所有电气设备的金属外壳，应有可靠的接地装置，接地电阻不应大于4 Ω。 （7）做好基础验收工作	 塔式起重机基础

续表

序号	风险点	风险分析	管控措施	相关图例
2	塔式起重机格构柱施工	格构柱未按照方案施工和验收	(1) 格构柱在桩孔中的位置应放置准确,应控制好垂直与水平方向的偏差,避免格构柱偏位过大,导致塔式起重机标准节无法安装。冲孔桩浇筑后放置格构柱时,要做好定位措施,派专人看管,确保格构柱位置的准确性,以利于水平、斜撑的焊接。 (2) 保证焊接质量,焊接操作人员必须持焊工证上岗。 (3) 在塔式起重机基础部位,挖机挖土时,要注意保护格构柱,应派专人指挥,避免挖机碰到格构柱,产生钢柱的偏位、头部扭曲。 (4) 在塔式起重机基础和格构柱的施工过程中,厂家应对塔式起重机基础进行技术指导并参与验收,安装好后需对塔式起重机的整体情况进行测试并试运转	 格构柱安装
3	资质管理	安拆单位及人员资质不符合要求	起重机的安拆必须由取得建设行政主管部门颁发的起重设备安装工程承包资质,并符合相应等级的单位进行,安拆作业时应有技术和安全人员在场监护	 现场监护

续表

序号	风险点	风险分析	管控措施	相关图例
4	方案编制及交底实施	(1) 未编制安拆方案或安全技术交底不到位。 (2) 安拆作业前检查工作不到位	(1) 起重机安拆前,应编制安拆施工方案,由企业技术负责人审批,并向全体作业人员交底。 (2) 安拆顺序、要求、安全注意事项必须按批准的专项施工方案进行。 (3) 对所安拆起重机的各部件、结构焊缝、重要部位螺栓、销轴、卷扬机和钢丝绳、吊钩、吊具以及电气设备、线路等进行检查,使隐患清除在安拆作业之前。 (4) 对自升塔式起重机顶升液压系统的液压缸、油管、顶升套架结构、导向轮、顶升支撑等进行检查,及时处理存在的问题。 (5) 对安拆人员所使用的工具、安全带、安全帽等进行检查,不合格者立即更换。 (6) 检查安拆作业中配备的起重机、运输汽车等辅助机械状况,技术性能应保证安拆作业的需要。 (7) 安拆现场电源电压、运输道路、作业场地等应具备安拆作业条件。 (8) 采用高强度螺栓连接的结构,必须使用专业制造生产的连接螺栓;连接螺栓时,应采用扭矩扳手或专用扳手,并应按装配技术要求拧紧。 (9) 在安拆作业过程中,当遇天气剧变、突然停电、机械故障等情况,短时间不能继续作业时,必须使已安拆的部位达到稳定状态并固定牢靠,经检查确认无隐患后,方可停止作业。 (10) 安装起重机时,必须将大车行走缓冲止挡器和限位开关碰块安装牢固可靠,并应将各部位的栏杆、平台、护圈等安全防护装置装齐。 (11) 起重机安装过程中,必须分阶段进行技术检验。整机安装后,应进行整机技术检验和调整,各部件动作应正确、平稳、制动可靠、各安全装置应灵敏有效;在无荷载情况下,塔身的垂直度允许偏差为 4/1 000,经分阶段及装机检验合格后,应填写检验记录,经技术负责人审查签证后,方可交付使用	________交底记录表 编号: 工程名称 | | 交 底 人 | 交底部位 | | 交底时间 | 交底内容: 接受交底人员签字: 备注:本表适用于各类交底记录,可附页。 方案交底记录表

续表

序号	风险点	风险分析	管控措施	相关图例
5	塔式起重机升降作业	升降作业未按照说明书或操作规程操作	(1) 升降作业过程,必须有专人指挥,专人照看电源,专人操作液压系统,专人安拆螺栓。非作业人员不得登上顶升套架的操作平台。操纵室内应只准一人操作,必须听从指挥信号;作业区域做好安全警戒。 (2) 升降作业应在白天进行,特殊情况需在夜间作业时,应有充分的照明。 (3) 作业过程中风力突然增大至 8.0 m/s 及以上时,必须立即停止作业,并应紧固上、下塔身各连接螺栓。 (4) 顶升前应预先放松电缆,其长度宜大于顶升总高度,并应紧固好电缆卷筒。下降时应适时收紧电缆。 (5) 升降时,必须调整好顶升套架滚轮与塔身标准节的间隙,并应按规定使起重臂和平衡臂处于平衡状态,并将回转机构制动住,当回转台与塔身标准节之间的最后一处连接螺栓(销子)拆卸困难时,应将其对角方向的螺栓重新插入,再采取其他措施。不得以旋转起重臂动作来松动螺栓(销子)。 (6) 升降时,顶升支撑就位后,应插上安全销,方可继续下一动作。 (7) 升降完毕后,各连接螺栓应按规定扭矩紧固,液压操纵杆回到中间位置,并切断液压升降机构电源。 (8) 塔式起重机加节时需考虑独立高度的安全系数。施工过程应对塔式起重机垂直度和格构柱的强度、刚度、稳定性进行必要的监测和检查,保证施工的正常运行	 塔式起重机配重安装

2. 履带式起重机安拆作业

序号	风险点	风险分析	管控措施	相关图例
1	证件及教育交底管理	资料不完善	(1) 履带式起重机安装前应检查履带式起重机的生产许可证、产品合格证、使用登记证等原始资料，履带式起重机安拆单位必须具有履带式起重机安拆资质，特种作业人员持证上岗。 (2) 对作业人员开展教育培训，施工前进行安全技术交底	 副本 中华人民共和国 特种设备生产许可证 特种设备生产许可证
2	整机检查验收	整机进场检查不到位	(1) 履带式起重机安拆前对整机进行检查，消除安全隐患。 (2) 在履带式起重机安拆前，管理人员应检查整机的资料	 施工设备进场验收记录表 进场验收记录表

续表

序号	风险点	风险分析	管控措施	相关图例
3	方案编制与审批	方案编制及审批不规范	(1) 安拆作业前应编制施工方案，多台履带式起重机存在交叉作业的还应编制专项施工方案。 (2) 施工方案应由本单位技术、安全、设备等部门审核，技术负责人审批后，经监理工程师审核通过后实施。 (3) 对方案进行交底	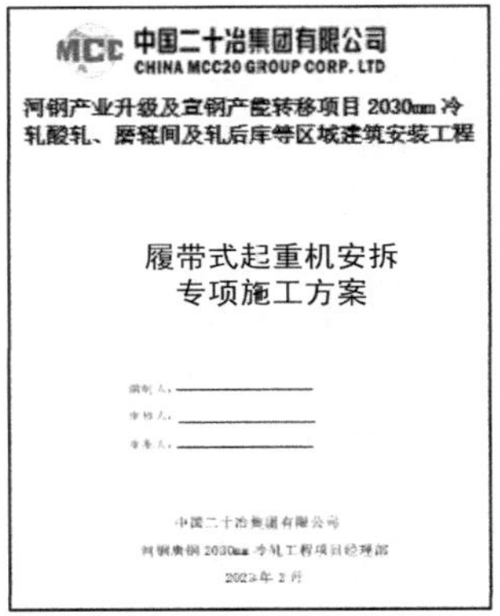 MCC 中国二十冶集团有限公司 CHINA MCC20 GROUP CORP. LTD 河钢产业升级及宣钢产能转移项目 2030mm 冷轧酸轧、磨辊间及轧后库等区域建筑安装工程 履带式起重机安拆 专项施工方案 履带式起重机安拆方案
4	设备作业场地地基处理	作业场地地基未进行验收	履带式起重机的基础及地基承载力应符合安全作业要求，安装前进行验收	 作业场地硬化处理

续表

序号	风险点	风险分析	管控措施	相关图例
5	安拆作业	安拆作业安全措施不到位	(1) 安拆履带式起重机时,应统一指挥,分工明确,地面设置警戒区和安全警示标志,现场派专人监护。 (2) 项目部安全管理人员和安装单位安全管理人员在履带式起重机安装前检查警戒区和警示标志。 (3) 配备安全帽、安全带、防滑鞋等劳动防护用品,正确穿戴劳动防护用品。 (4) 严禁使用非原厂制造的臂架。 (5) 组装吊臂时,作业人员不得站在吊臂上。 (6) 各滑轮组均正确安装防跳绳装置。 (7) 安装、拆卸过程中部件发生故障,应及时报告	 履带式起重机

3. 桥式起重机安拆作业

序号	风险点	风险分析	管控措施	相关图例
1	安全设施及人员教育交底管理	(1) 未按方案设置临边防护栏杆。 (2) 未进行安全技术交底。 (3) 未按规定配备安全带	(1) 严格按照方案架设临边防护栏杆。 (2) 所有作业人员必须接受安全教育及安全技术交底后方可上岗作业。 (3) 所有作业人员在作业时必须配备安全带,并固定在规定位置	 临边防护栏杆

续表

序号	风险点	风险分析	管控措施	相关图例
2	高空构件及工器具存放	(1) 高处物体无防护或防护不当。 (2) 高处作业过程中工器具掉落	(1) 避免交叉作业，行车下方做好隔离防护，防止落物伤害。 (2) 物品禁止临边摆放，注意存放高度，存放场地应平稳可靠	 行车大梁间拉设防坠网
3	高处安全设施设置	(1) 人员处于高处未进行有效防护。 (2) 环境不良：作业面狭小、不平整、有异物、光线灰暗等。 (3) 防护器材失效	(1) 正确使用安全带，检查确认安全带有效。 (2) 临边作业时要设置临时防护栏杆或拉安全绳，同时人员注意站位，并挂好安全带。 (3) 增设防坠绳并挂好安全带。 (4) 需要搭设跳板的作业应保证跳板牢靠，作业人员应注意防滑，注意站位。 (5) 观察通道，选择便于行走的通道。 (6) 上下楼梯、平台，注意踩稳扶牢。 (7) 检查防护器材，确保有效。 (8) 设置双重保护，作业场所光线充足。 (9) 专人监护	 临边安全绳及围挡
4	交叉作业	(1) 地面施工与道路通行交叉。 (2) 行车梁作业与生产行车交叉	(1) 按流程申请占道施工手续。 (2) 做地面警示隔离；有效做到地面监护。 (3) 行车梁上设置警示隔离带；行车轨道设置轨道强制止轮器	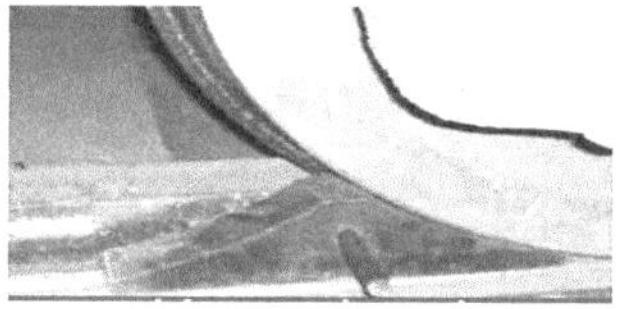 轨道安装强制止轮器

（七）工业管道安装

序号	风险点	风险分析	管控措施	相关图例
1	管道吊装	(1) 起重工、行车工无证上岗。 (2) 吊索具选用不规范。 (3) 吊索具挂设不规范。 (4) 吊装过程中未采用溜绳固定	(1) 吊装前检查起重工、行车工的持证情况，严禁无证上岗。 (2) 检查吊索具的选用及挂设是否按照专项施工方案执行。 (3) 吊装过程中管道两端要采用溜绳固定且派专人操控	 管道吊装
2	有限空间焊接	(1) 有限空间焊接作业无专项施工方案，无安全技术交底。 (2) 有限空间焊接作业无应急预案。 (3) 有限空间焊接作业安全措施不到位。 (4) 有限空间焊接作业无专人监护	(1) 焊接作业前检查专项施工方案是否编制，审批及交底手续是否齐全。 (2) 检查是否制定了应急预案，应急预案是否可行。 (3) 检查焊接作业区域通风情况是否畅通，使用电源电缆绝缘情况是否符合要求。 (4) 安排专人对焊接区域进行监护	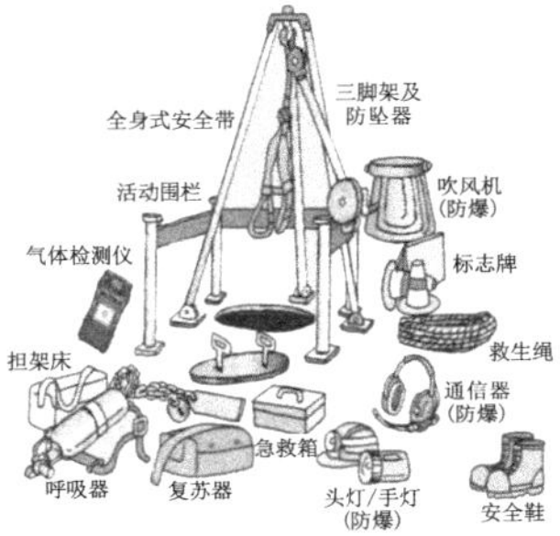 有限空间作业安全装备

续表

序号	风险点	风险分析	管控措施	相关图例
3	管道试压	(1) 未编制专项施工方案,无安全技术交底。 (2) 压力表未校验。 (3) 压力表设置位置不规范。 (4) 试压区域未设置警示标志。 (5) 试压前未对法兰盖所用的材料进行检查	(1) 检查试压专项施工方案审批手续、交底手续是否齐全。 (2) 检查压力表是否校验,是否在有效期内。 (3) 检查最高处、最远处是否都设置了压力表。 (4) 试压区域要设置警示标志,试压区域内要派专人监护。 (5) 管道末端安装的法兰盖材料及连接螺栓强度要符合管道试压压力等级要求	 管道试压

续表

序号	风险点	风险分析	管控措施	相关图例
4	热力、燃气管道吹扫	(1) 未编制专项施工方案,无安全技术交底。 (2) 未设置警示标志,吹扫区域内无专人监护。 (3) 固定支架及滑动支架的焊接工作不满足设计要求。 (4) 弹簧吊架固定不牢固。 (5) 吹扫前管道未进行预热。 (6) 吹扫时吹扫点设置不符合要求。 (7) 吹扫主管道前未对支管道的阀门开闭情况进行检查	(1) 检查试压专项施工方案审批手续、交底手续是否齐全。 (2) 吹扫区域要设置警示标志,区域内要派专人监护。 (3) 吹扫前,按照图纸要求对管道的滑动支架、固定支架的焊接情况进行检查。 (4) 检查弹簧吊架安装是否符合图纸及规范要求。 (5) 吹扫前主管道阀门要缓慢小角度开启,待整个管道都预热后再将阀门大角度开启。 (6) 蒸汽主管道吹扫前要引到室外,并且吹扫口朝上,支管道吹扫口引到远离开启阀门的排水沟或集水坑内,吹扫口朝下。 (7) 吹扫主管道时要逐一确认支管的阀门是否都关闭。 (8) 吹扫前要对管道上安装的管卡安装情况进行逐一检查,查看是否有未安装或安装不规范情况存在	 管道吹扫 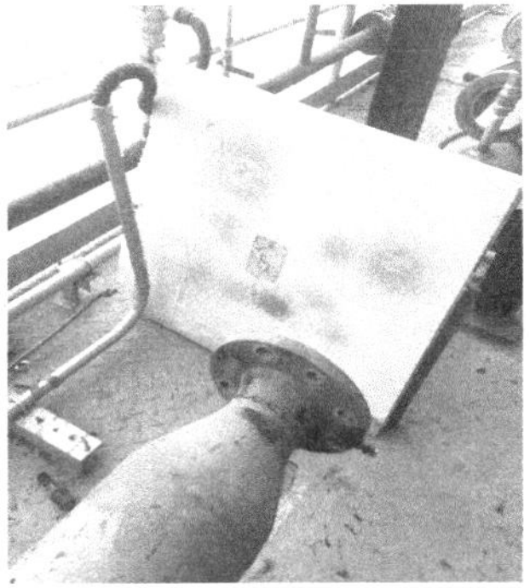 吹扫检查

续表

<table>
<tr><th>序号</th><th>风险点</th><th>风险分析</th><th>管控措施</th><th>相关图例</th></tr>
<tr><td>5</td><td>介质开通</td><td>(1) 未编制专项施工方案,无安全技术交底。
(2) 未设置警示标志,介质开通区域内无专人监护。
(3) 未建立介质开通联络体系,工作划分不明确,造成混乱。
(4) 介质管道最高处排气阀未开启。
(5) 泵出口阀门送水时开启角度过大或开启速度太快。
(6) 气体置换不彻底。
(7) 未配备氢气、氧气、氮气报警仪。
(8) 开通流速过大。
(9) 未对支管道的阀门关闭情况进行检查</td><td>(1) 检查介质开通专项施工方案审批手续、交底手续是否齐全。
(2) 介质开通区域要设置警示标志,区域内要派专人监护。
(3) 介质开通前要建立联络体系,人员分工要明确,并进行模拟演练。
(4) 检查介质管道的最高处的排气阀是否全开启。
(5) 介质开通时要缓慢小角度开启泵出口阀门。
(6) 在放散取样口用报警仪进行检测,确保气体置换知名度。
(7) 介质开通前要配备足够的相关报警仪,对介质开通区域及置换处进行实时监测。
(8) 介质开通时,应控制流速,不宜过大。
(9) 介质开通前要对管道的支管道逐一进行检查,确保支管阀门全部关闭</td><td>
介质开通

设备检查</td></tr>
</table>

（八）机械设备安装

1. 大型油箱吊装

序号	风险点	风险分析	管控措施	相关图例
1	起重机作业环境	(1) 起重机站位场地不符合要求。 (2) 起重机作业空间受限	(1) 起重机站位场地必须填平、压实。 (2) 根据现场实际条件选择起重机站位，作业半径范围内不得有障碍物、作业净空满足吊装高度要求	 吊装作业检查
2	起重吊装	(1) 操作员、司索工无证作业。 (2) 违章作业。 (3) 钢丝绳断裂或吊具损坏。 (4) 恶劣天气下作业。 (5) 起重机械起重能力不满足要求。 (6) 吊点设置不牢固	(1) 特种作业人员必须持证上岗。 (2) 严格按操作规程作业。 (3) 按规定合理使用吊索具(如吊装带、钢丝绳、卡扣等)，使用前应检查其完好性，不得带病投入使用。 (4) 关注天气情况，台风、暴雨等恶劣天气不得进行施工作业。 (5) 根据油箱重量和现场实际作业条件选用合适的起重机械。 (6) 在设备顶部基础预埋吊环等吊点，在预埋钢板上焊接的吊耳必须牢固、可靠	 油箱吊装

续表

序号	风险点	风险分析	管控措施	相关图例
3	地下油箱安装	(1) 运输条件不符合要求。 (2) 运输及安装过程中无专人监护。 (3) 体积较大或重量较重的设备，就位困难，风险相对较大	(1) 运输通道应平整，滚杠应布置均匀、粗细一致。 (2) 在设备运输及安装过程中设专人监护，运输设备前方及吊装设备下方严禁人员逗留或通过。 (3) 体积较大或重量较重的设备，采用预就位法施工，在基础顶板施工前先就位，然后再施工基础顶板	 地下油箱安装

2. 机架安装

序号	风险点	风险分析	管控措施	相关图例
1	专项施工方案编制与实施	(1) 专项施工方案没有通过审批及专家论证。 (2) 未按专项施工方案执行	(1) 按要求进行专项施工方案报批及组织专家论证，审批完成、论证通过后再组织实施。 (2) 严格按专项施工方案实施	 顶升装置

续表

序号	风险点	风险分析	管控措施	相关图例
2	机架登高安装作业	(1) 未按方案设置临时高处作业措施。 (2) 未按规定配备安全带	(1) 机架吊装前,在上部设置临时操作平台及爬梯,操作平台设双跳板,并绑扎牢固。 (2) 作业人员高处作业必须佩戴安全带,并挂设牢固、可靠	 机架安装
3	轨道梁敷设	未按方案实施	严格按方案进行龙门吊轨道梁敷设,轨道梁敷设应平直,轨道梁支撑必须牢固、可靠,满足机架吊装要求	 轨道平台搭设

续表

序号	风险点	风险分析	管控措施	相关图例
4	双机抬吊作业	(1) 操作员、司索工无证作业。 (2) 违反“十不吊”原则。 (3) 双机抬吊协同作业时不同步。 (4) 钢丝绳断裂或吊具损坏	(1) 特种作业人员必须持证上岗。 (2) 严格按操作规程作业，坚持“十不吊”原则。 (3) 双机抬吊作业前必须明确起吊指挥人员和操作人员，并在模拟过程中演练指挥人员与操作人员的配合，达到信号、旗语、手势标准，操作动作一致。 (4) 必须按规定合理使用吊具(如吊装带、钢丝绳、卡扣等)，使用前应检查其完好性，不得带病投入使用	 机架

3. 连续退火炉安装

序号	风险点	风险分析	管控措施	相关图例
1	退火炉平台临边作业	(1) 未按方案设置临边防护栏杆。 (2) 未进行安全技术交底。 (3) 未按规定佩戴安全带	(1) 严格按照方案设置临时防护栏杆或安装正式栏杆，并设警示牌。 (2) 所有作业人员必须接受安全教育及安全技术交底后方可上岗作业。 (3) 所有作业人员在临边作业时必须佩戴安全带，并固定在规定位置	 临边防护栏杆

续表

序号	风险点	风险分析	管控措施	相关图例
2	各专业交叉作业	未按方案设置隔离防护措施	按方案要求设置安全网、隔离板或防护棚等安全措施	 覆盖三防布
3	炉体部件安装	(1) 炉体结构单件较多,高处作业量较大,易发生坠落事故。 (2) 炉体散件高处组对安装易发生坠落事故。 (3) 辐射管及炉辊安装易造成设备变形及脱落	(1) 炉体结构柱的两侧搭设安全操作平台,在地面组装成稳定的框架单元再进行吊装,减少高处作业。 (2) 分段组装后整体吊装,减少高处作业。 (3) 采用专用吊具进行吊装	 炉体部件安装

4. 立式活套安装

序号	风险点	风险分析	管控措施	相关图例
1	平台临边作业	(1) 未按方案设置临边防护。 (2) 未进行安全技术交底。 (3) 未按规定配备安全带	(1) 严格按照方案设置临边防护栏或安装正式护栏,并设警示牌。 (2) 所有作业人员必须接受安全教育及安全技术交底后方可上岗作业。 (3) 所有作业人员在临边作业时必须佩戴安全带,并固定在规定位置	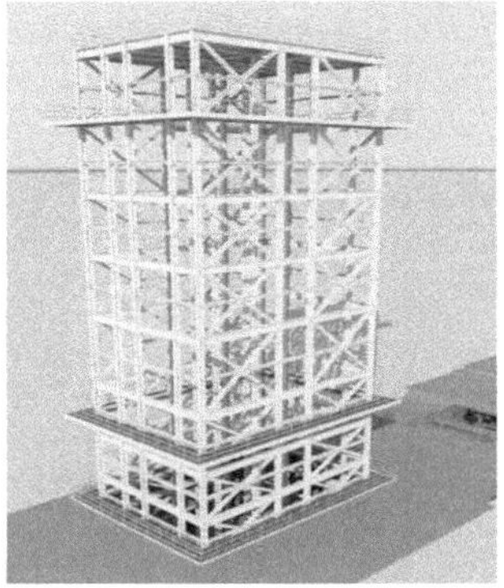 立式活套模型
2	结构及轨道安装	(1) 结构单件安装,高处作业危险性较大。 (2) 顶部平台单件多,作业面大,高处作业安全防护难度较大。 (3) 立式活套小车轨道位于结构立柱内侧,轨道分段安装,高处防护难度大	(1) 结构柱的两侧搭设安全操作平台。 (2) 在地面进行组装,保证在车间行车吊重能力范围内,尽可能将平台上的设备安装就位,整体吊装。 (3) 活套车轨道在地面固定到结构框架上,随结构一起吊装,减少高处作业	 轨道、结构吊装

（九）酸再生设备安装与耐酸防腐工程施工

1. 酸再生设备安装

序号	风险点	风险分析	管控措施	相关图例
1	焙烧炉区设备安装	焙烧炉、氧化铁粉仓均为碳钢材质，体积较大，因此这两台设备安装需要与土建施工配合，在厂房框架施工过程中予以吊装，易造成高处坠落和起重伤害	(1) 设备体积较大，需根据现场情况制定相应的吊装方案。 (2) 吊装过程中设备较高，多为分段吊装并组装，需搭设施工平台。 (3) 焙烧炉底部支撑下基本都设计有PVDF（聚偏二氟乙烯）材质的滑动板，因此组装炉体时注意对滑动板的保护（用防火布及钢板予以保护），避免焊接作业产生的焊瘤造成滑动面损伤	 氧化铁粉仓（左）及焙烧炉（右）
2	预浓缩器、吸收塔、洗涤塔等安装	(1) 施工空间狭窄，非常规吊装作业、交叉作业、动火作业较多。 (2) 设备本体和填料多为易燃材质，易发生起重伤害或火灾	(1) 设备高度较高，因此需根据现场情况制定相应的吊装方案。 (2) 设备就位后应立即将设备所有法兰孔予以封闭，避免焊渣、焊瘤掉入设备内部。 (3) 填料填装前除人孔外其他法兰孔仪表或管道均须安装完成。填料填装时周围不得动火作业，如果填料当天无法完成填装，下班前须将人孔予以封闭。 (4) 严格执行动火审批，落实监火人，足量配备消防器材	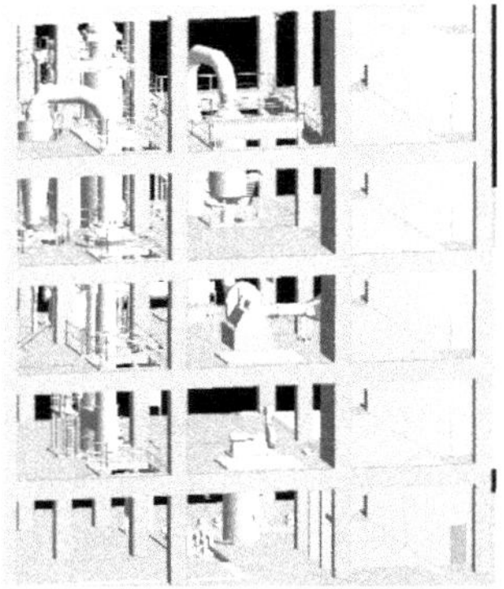 盐酸再生站及设备

续表

序号	风险点	风险分析	管控措施	相关图例
3	酸罐区储罐衬胶	衬胶、胶浆等物质具有可燃性和易爆性，存在火灾、爆炸风险，且对人体健康有害	(1)进行基础防腐时要保持罐区通风，避免挥发性物质聚集。 (2)作业人员配备氧气检测仪、防护面具等装备。 (3)存在有限空间作业的须安装通风机	 衬胶

2. 耐酸防腐工程施工

序号	风险点	风险分析	管控措施	相关图例
1	设备内作业	设备内部作业空间受限，需搭设作业架，作业时电动工具使用较多，防腐材料多为易燃物，存在高处坠落、火灾、物体打击、触电等风险	(1)严格按照有限空间作业安全管理规定执行。 (2)特种作业人员持证上岗。 (3)按规范要求做好高处作业人员的健康检查，身体不适或经体检不能从事高处作业人员严禁从事高处作业。 (4)设置安全隔离区，悬挂警示标志，设专人监控。 (5)用电设备接线要牢固，并做好绝缘隔离措施以防止触电。 (6)衬胶完工后做隔离保护。 (7)施工材料存放区域配备相应灭火器并设专人监护	 有限空间施工

续表

序号	风险点	风险分析	管控措施	相关图例
2	设备基础、地坪防腐作业	(1) 设备接线不符合要求,绝缘措施不到位。 (2) 施工区域禁烟措施不到位,与动火作业存在交叉,消防器材配备不足,通风措施不到位	(1) 特种作业人员持证上岗。 (2) 要保证“一机一闸一漏一箱”。 (3) 劳动防护措施保证有效。 (4) 切砖机、搅拌机一次线不大于 5 m;二次线应采用橡皮护套铜芯软电缆,长度不大于 30 m,接头必须绝缘良好。 (5) 用电设备接线要牢固,并做好绝缘隔离措施以防止触电。 (6) 加设接零、接地保护,并可靠连接。 (7) 防腐层完工后做隔离保护。 (8) 施工材料存放区域配备相应灭火器并设专人监护。 (9) 加强岗前职业健康培训、定期体检,正确使用劳动防护用品	 地坪防腐施工

3. 耐材砌筑工程

序号	风险点	风险分析	管控措施	相关图例
1	退火炉内作业	（1）未正确使用安全带。 （2）作业平台的材料或杂物未及时处理。 （3）未配备灭火器和专人监护。 （4）未正确佩戴防尘口罩	（1）正确使用安全带。 （2）按规范要求做好高处作业人员的健康检查，身体不适或经体检不能从事高处作业人员严禁从事高处作业。 （3）脚手架搭拆严格按照国家规范执行。 （4）上料口下方严禁站人，现场作业人员必须正确佩戴安全帽，严禁抛物。 （5）使用的材料应随用随取，不得高空码放；作业面要做到“工完、料尽、场地清”。 （6）耐材外包装进入炉内时，应及时清理外运并设专人监护。 （7）施工材料存放区域配备相应灭火器并专人监护。 （8）加强岗前职业健康培训、定期体检，正确使用劳动防护用品	 炉内作业环境

续表

序号	风险点	风险分析	管控措施	相关图例
2	加热炉内作业	(1) 洞口临边无保护措施。 (2) 作业平台的材料杂乱无章或杂物未及时处理。 (3) 未正确使用安全带。 (4) 未配备灭火器,无专人监护。 (5) 现场设备用电不规范。 (6) 未正确佩戴防尘口罩	(1) 炉底活动梁洞口采用木跳板全覆盖,两侧烟道口正确设置防护栏杆。 (2) 作业平台物料堆放整齐,严禁超载;现场作业人员必须正确佩戴安全帽、安全带,严禁抛物;作业面要做到"工完、料尽、场地清"。 (3) 耐材外包装进入炉内时,应及时清理外运,临时堆放应配备灭火器并设专人监护。 (4) 用电要保证"一机一闸一漏一箱"。 (5) 用电设备一次线不大于 5 m,二次线应采用橡皮护套铜芯软电缆,长度不大于 30 m,接头必须绝缘良好。 (6) 用电设备接线要牢固,并做好绝缘隔离措施以防止触电,加设接零、接地保护,并可靠连接。 (7) 加强岗前职业健康培训、定期体检,正确使用劳动防护用品	 耐材砌筑

（十）厂房照明、滑触线安装

1. 厂房照明安装

序号	风险点	风险分析	管控措施	相关图例
1	照明安装平台搭拆作业	(1) 安全带使用不当。 (2) 地面没有安全隔离区。 (3) 脚手架高空垂直运输存在物体打击风险	(1) 按规范要求做好高处作业人员的健康检查，身体不适或经体检不能从事高处作业人员严禁从事高处作业。 (2) 设置安全隔离区，悬挂警示标志，设专人监护。 (3) 防坠绳、安全带、安全网等设置齐全，并每天进行安全检查	 天顶照明平台搭设
2	照明灯架及配管支架焊接作业	(1) 用电设备接线不规范、使用不当。 (2) 高空焊接作业未清理地面易燃物。 (3) 高处焊接作业时，金属件掉落	(1) 特种作业人员持证上岗。 (2) 用电设备要保证“一机一闸一漏一箱”。 (3) 劳动防护用品如电焊手套、绝缘鞋、护眼面罩等要保证有效。 (4) 电焊机一次线不大于 5 m，二次线应采用橡皮护套铜芯软电缆，长度不大于 30 m，接头必须绝缘良好。 (5) 用电设备接线要牢固，并做好绝缘隔离措施以防止触电。 (6) 加设接零、接地保护，并可靠连接。 (7) 地面设专人监护，及时清理易燃物	 灯架安装

续表

序号	风险点	风险分析	管控措施	相关图例
3	利用行车进行安装	行车运行观察不清晰、对讲通信不良，行车运行过程造成机械伤害	（1）特种作业人员持证上岗。 （2）建立良好通信对讲系统，统一指挥。 （3）检查行车两边轨道，严禁无关人员进入。严禁交叉作业。 （4）行车须验收合格后方能投入使用。 （5）照明作业人员安全带必须可靠挂在行车的平台护栏上，严禁挂在厂房钢结构上。 （6）行车驾驶员每天做好行车安全运行记录，发现问题停止作业，及时上报维修	 行车运行

2. 滑触线安装

序号	风险点	风险分析	管控措施	相关图例
1	滑触线支架焊接作业	（1）高空焊接作业时，配件掉落。 （2）高空焊接作业未及时清理地面易燃物	（1）特种作业人员持证上岗。 （2）要保证"一机一闸一漏一箱"。 （3）劳动防护用品保证有效。 （4）及时清理地面易燃物。 （5）加设接零、接地保护，并可靠连接	 滑触线支架焊接

续表

序号	风险点	风险分析	管控措施	相关图例
2	滑触线连接安装作业	(1) 滑触线连接时配件没有拿稳发生物体打击。 (2) 施工人员未规范使用安全带	(1) 正确佩戴安全带。 (2) 设置安全隔离区,悬挂警示标志,设专人监护。 (3) 严禁立体交叉作业。 (4) 安全绳按规范固定完好	 滑触线连接安装
3	滑触线送电	行车滑触线工作电压一般为 380 V,没有警示牌告知,易发生触电风险	(1) 使用相序表检测并确保临时电与正式电相序一致。 (2) 落实滑触线送电告知书传达及宣贯。 (3) 在上平台的楼梯口,设置滑触线有电危险标识。 (4) 保证滑触线有电显示信号灯安全可靠,并每天巡检	 滑触线送电警示牌

（十一）电气设备安装

1. 大型电机安装作业

序号	风险点	风险分析	管控措施	相关图例
1	起重吊装作业	（1）无专项施工方案，方案未经审批，超危大吊装方案未经专家论证，无安全技术交底。 （2）吊装机具、倒链、锁具、钢丝绳损坏、未达标或未按规范使用。 （3）直角、锐角的设备边缘，未采取保护措施。 （4）吊装区域无警示标志。 （5）指挥人员无证指挥操作。 （6）指挥人员、驾驶员信号不统一	（1）制定专项施工方案，施工方案经审批、专家论证合格，作业前对施工人员进行安全技术交底。 （2）根据所吊设备重量、体积及吊点位置进行受力分析并计算受力大小合理选择钢丝绳直径；做好施工前检查工作，正确使用各种吊装机具、倒链、锁具。 （3）吊装设备时遇到直角、锐角的设备边缘，必须采取保护措施。 （4）吊装区域采用红白旗或警戒带进行围挡，设专人进行管理，禁止其他非现场作业人员进入，在显眼位置挂警示标志。 （5）指挥人员必须持有效证件上岗，现场安全人员对指挥人员持证情况进行检查确认，无证或不在有效期内的指挥人员禁止作业。 （6）做好班前安全交底工作，明确吊装时工作职责，设专人指挥，指挥人员及驾驶员加强交流沟通	 大电机吊装

续表

序号	风险点	风险分析	管控措施	相关图例
2	高处作业	(1) 高处作业安全防护措施不到位。 (2) 作业人员攀爬时未使用防坠器,施工器具未采用防坠措施。 (3) 高处作业人员佩戴个人防护用品不规范。 (4) 使用残缺梯子,垫高使用,未采取防滑措施。 (5) 人字梯与地面夹角、上部夹角超出安全范围,底部未固定。 (6) 梯上作业无人监护,两人以上同时作业,站位过高	(1) 施工时应先在施工区域设置安全绳,并经安全管理人员验收合格。 (2) 作业人员上下攀爬时使用防坠器,施工器具采取可靠防坠落措施。 (3) 高处作业人员应正确佩戴、使用个人防护用品。 (4) 梯子不得残缺,不得垫高使用,梯子横档间距以 30 cm 左右为宜,下端应采取防滑措施。 (5) 单面梯与地面夹角以 60°～70°为宜,人字梯上部夹角以 35°～45°为宜,人字梯底部要拉牢。 (6) 梯上作业时,下方应有专人监护,禁止两人以上在梯上作业,严禁站在梯子最上两档施工作业	 人字梯
3	设备油洗	(1) 使用汽油清洗设备时,附近有焊接等动火作业。 (2) 未安排专人监护,未配备灭火器	(1) 使用汽油清洗设备时,附近禁止吸烟或焊接作业。 (2) 施工现场安排专人监护,并设置合格有效的灭火器	 灭火器

2. 大型变压器安装

序号	风险点	风险分析	管控措施	相关图例
1	进场运输	行车路线、作业场地的路基及地面不实	检查变压器进场路线，作业场地地基平整、坚实	 变压器运输
2	牵引平台搭设	牵引平台不牢固	变压器牵引平台的选材和搭建要根据变压器重量来确定	 变压器安装
3	变压器吊装、就位	参照本节“大型电机安装作业”中的起重吊装作业风险分析	参照本节“大型电机安装作业”中的起重吊装作业管控措施	 变压器吊装

3. 高空电缆桥架安装

序号	风险点	风险分析	管控措施	相关图例
1	施工方案编制实施	施工前无专项施工方案，方案未经审批，无安全技术交底	制定专项施工方案，方案经审批合格，施工前对施工人员进行安全技术交底	 中国二十冶集团有限公司 太重智能高端装备产业园区铸锻联合厂房项目 电缆桥架专项施工方案 中国二十冶工业工程公司 ××年××月××日 编制专项施工方案

续表

序号	风险点	风险分析	管控措施	相关图例
2	平台搭设	(1) 平台搭设未按专项施工方案实施。 (2) 搭设材料不符合安全标准。 (3) 搭设、拆除施工平台由非专业人员搭设，未安排专人监控。 (4) 平台跳板未满铺，未固定牢靠。 (5) 跳板固定间隙过大。 (6) 运输物品未绑扎牢靠，抛掷物品，临时堆放。 (7) 未验收合格即投入使用	(1) 搭设、拆除施工平台须严格按照专项施工方案实施。 (2) 搭设平台材料使用前必须严格检查，钢管尺寸为 ϕ48.0 mm×3.5 mm，跳板宽度不宜小于 200 mm、厚度不宜小于 50 mm，固定跳板的铁线直径为 4 mm，使用安全网必须验收合格。 (3) 搭设、拆除作业须由专业人员施工，搭设、拆除全过程应由专人监控。 (4) 施工平台跳板必须满铺，不得有探头跳板，跳板必须固定牢靠。 (5) 跳板对接端要严密且牢靠，间隙不得过大。 (6) 搭设、拆除施工平台过程中，提升运输施工物品时必须绑扎牢靠，严禁随意抛掷任何物品，且临时物品摆放须牢固可靠。 (7) 搭设完成后应由相关人员验收确认，合格后才能使用，且做好验收记录	 平台搭设示意图

续表

序号	风险点	风险分析	管控措施	相关图例
3	移动脚手架作业	(1) 移动脚手架高度超过5 m,未采取防滑防倾倒措施。 (2) 移动脚手架基础的承载力不足。 (3) 移动脚手架搭设完后未经验收合格即投入使用。 (4) 移动时人员未撤离,物品未清理,没有防倾倒措施	(1) 移动脚手架高度严禁超过5 m,固定位置后采取防滑、防倾倒措施。 (2) 移动脚手架的基础必须保证足够的承载能力。 (3) 移动脚手架搭设完后必须经过验收,验收合格后方可使用。 (4) 移动脚手架在移动前,应将架上的物品清除干净,并有可靠的防止脚手架倾倒措施,严禁站人	 移动脚手架
4	高空安装作业	参照本节“大型电机安装作业”中的高处作业风险分析	参照本节“大型电机安装作业”中的高处作业管控措施	 高空安装作业

4. 大型盘柜安装

序号	风险点	风险分析	管控措施	相关图例
1	盘柜运输	(1) 盘柜倾倒或滚杠碾压。 (2) 使用运输架未统一指挥，速度过快，造成设备损坏，人员受伤	(1) 运输盘柜采用滚杠及液压小车时，过程中必须统一指挥，防止受力不均导致盘柜倾倒或滚杠碾压。 (2) 使用专用盘柜运输架、架空运输车进行盘柜倒运就位，过程中必须统一指挥，缓慢匀速运输	 盘柜运输
2	盘柜安装	(1) 盘柜空洞未做防护措施。 (2) 大体积、大质量的盘柜倾斜、倾倒。 (3) 施工作业未统一指挥	(1) 盘柜在安装前，要清理底座周围的物品，并且要做好盘柜孔洞的临边安全措施。 (2) 过长、过高及过重的盘柜在安装前，根据现场实际情况，设备底座要加临时支撑，防止在安装过程中，盘柜发生倾斜，造成盘柜倒地砸伤施工人员，或造成设备的损坏。 (3) 盘柜在安装时，要注意周围情况，听从指挥，做到行动统一	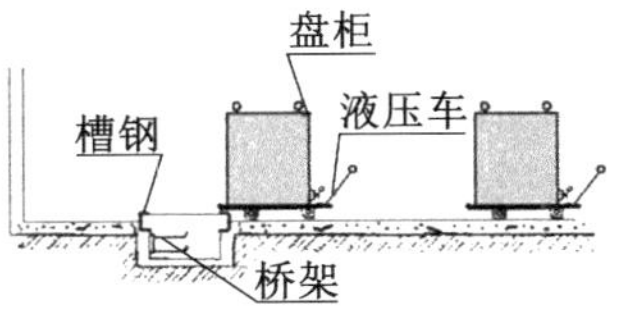 盘柜安装示意图

5. 电缆敷设作业

序号	风险点	风险分析	管控措施	相关图例
1	电缆盘吊装	(1) 驾驶员和指挥人员无证作业。 (2) 直接将电缆盘推下车。 (3) 重量不明时,盲目起吊。 (4) 未按规范和现场情况选用吊装钢丝绳。 (5) 吊装捆扎技术不规范,违反“十不吊”原则。 (6) 吊起电缆盘长时间空中停留,人员在构件附近及下方停留穿行。 (7) 没有专人指挥,无关人员随意穿行吊装区域	(1) 驾驶员和指挥人员要经过专业培训,考核结束后持证上岗。 (2) 严禁直接将电缆盘推下车。 (3) 操作人员对起吊重量不明时要进行核实,不能盲目起吊。 (4) 起重机使用的吊装钢丝绳,其结构、形式、规格和强度要符合该电缆盘重量的要求。 (5) 吊装中要熟练掌握捆绑技术,严格执行“十不吊”原则。 (6) 严禁任何人在已起吊的电缆盘下停留或穿行,已吊起的电缆盘不准长时间在空中停留。 (7) 电缆盘装车时由专人负责指挥,设置吊装警戒隔离区,无关人员远离隔离区	 电缆盘吊装

续表

序号	风险点	风险分析	管控措施	相关图例
2	电缆放线架布置	(1) 电缆放线架不稳固，钢轴强度和长度与电缆盘不匹配。 (2) 起吊安装电缆盘时无专人指挥。 (3) 未设置隔离警戒区，交叉作业影响周围作业人员和车辆通行。 (4) 电缆盘转动不平衡，倾斜过度，转动速度过快。 (5) 未安排专人监控，未安排实时通信	(1) 电缆放线架应放置稳妥，钢轴的强度和长度与电缆盘质量和宽度相匹配。 (2) 起吊电缆盘时要有专业人员指挥。 (3) 电缆放线架的位置设警戒线，确保行人和交通车辆的安全。 (4) 电缆盘在放线架上转动过程中，需保持电缆盘的平衡，时刻注意电缆盘的倾斜情况和转动速度。 (5) 必须安排专人全程监护，并配备对讲机等即时通信设备，与前方电缆敷设人员沟通协调，同步作业	 电缆放线架

续表

序号	风险点	风险分析	管控措施	相关图例
3	电缆敷设	(1) 电缆敷设时，人员站位混乱，未协同作业。 (2) 拖拽电缆，无专人指挥，转角、卡涩处无专人看护，未设置安全防护措施。 (3) 距离墙洞、沟口、管口及隔层等处过近，沟边强度不足，有坍塌风险。 (4) 敷设电缆未使用对讲机及扬声器发出实时指令，用力方向不一致	(1) 电缆在敷设时，所有人员应站在电缆一侧，相互之间配合一致，防止电缆碰伤作业人员。 (2) 拖拽电缆时，要有专人指挥，容易卡住及转弯处应有专人查看，查看人所处地点必须安全，且做好相应措施，防止电缆损伤及人员伤害。 (3) 敷设电缆时，不得在易坍塌的沟边 0.5 m 以内行走，在墙洞、沟口、管口及隔层等处敷设电缆时人员应距洞口处 1 m 以上。 (4) 敷设电缆时，必须使用对讲机和扬声器多点实时发送指令，口令要统一，用力方向一致	 电缆敷设
4	高空敷设作业	参照本节“大型电机安装作业”中的高处作业风险分析	参照本节“大型电机安装作业”中的高处作业管控措施	 高空敷设作业

续表

序号	风险点	风险分析	管控措施	相关图例
5	平台搭设	参照本节“高空电缆桥架安装”中的平台搭设风险分析	参照本节“高空电缆桥架安装”中的平台搭设管控措施	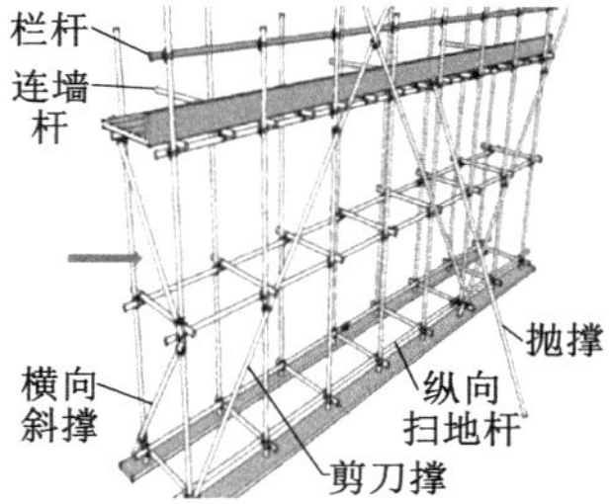 平台搭设
6	电缆输送机、卷扬机等电动辅助设备使用	(1) 电缆输送机、卷扬机周边未设置警戒隔离区，无专人监护。 (2) 电缆输送机、卷扬机操作人员未经培训合格，不熟悉操作规程。 (3) 电缆输送机、卷扬机固定不牢，牵引拖拽电缆时移位、倾覆。 (4) 作业人员卷入转动的履带、链轮，造成机械伤害。 (5) 电控操作人员与前方电缆敷设指挥人员没有即时通信，盲目操作设备	(1) 设置警戒隔离区，并配有专人监护，禁止无关人员靠近电动设备。 (2) 操作人员必须是电缆敷设专业人员，且必须经过专业的技术培训并考试合格才可进行电缆输送机、卷扬机的电控操作。 (3) 电缆输送机、卷扬机的固定位置必须坚固可靠，机器设备固定牢靠防止失衡倾斜，并由专业安全管理人员检查验收。 (4) 作业人员按要求穿戴劳动防护用品，不可敞开外套松开袖口，严禁靠近或触碰旋转、运动部件，检查设备时必须停机断电。 (5) 电控操作人员必须执行电缆敷设指挥人员的指令，必须配备对讲机等即时通信设备，确保口令一致，协同作业	 电缆输送机

续表

序号	风险点	风险分析	管控措施	相关图例
7	有限空间作业	(1) 地下室、电缆隧道等无通风设备的有限空间未配置检测报警仪。 (2) 在有毒、有害介质区域无相应管理制度，未检测空气质量。 (3) 未安排逃生通道，现场杂物堆放影响通行。 (4) 在有限空间内休息或停留。 (5) 无专人监护，长时间在有限空间内作业	(1) 增加现场通风措施，根据现场容易引起中毒的气体情况，配置相应的检测报警仪。 (2) 在有毒、有害介质区域工作，应执行作业许可制度，有限空间应执行空气质量检测制度。 (3) 开始施工前，应布置并熟悉快速逃生通道，并确保逃生通道畅通。 (4) 禁止在现场休息或停留，工作完成后应快速清理现场后撤离。 (5) 施工全过程应配专人进行监护，避免长时间在有限空间内作业	 有限空间作业

（十二）设备调试作业

1. 电气调试作业

序号	风险点	风险分析	管控措施	相关图例
1	电气试验	（1）调试前无调试方案，调试方案未经审批，无安全技术交底 （2）调试人员未经特种作业培训。 （3）设备试验运行时未设置警示标志，未设置安全隔离区。 （4）无专人监护或监护不到位。 （5）试验设备未经检验合格。 （6）临时隔离、绝缘、接地保护措施设置不完善。 （7）试验时通信设施配置不能满足通畅需要。 （8）试验结束未拆除试验遗留物品	（1）制定调试方案，并经审批合格，调试前对调试人员进行安全技术交底。 （2）按规范要求做好调试人员的特种作业培训，并取得相应特种作业操作证。 （3）拉设安全隔离区，设置警示标志。 （4）设专人监护，监护人在试验期间不得擅自离岗。 （5）试验设备经具备资质的机构检验合格，并张贴检验标志后使用。 （6）严格按照试验作业操作规程操作，确保绝缘距离、保护接地、工作接地正确合理设置。 （7）配备必要的通信联络设备，全程沟通协同。 （8）试验完成后应对试验区域进行检查，做到“工完、料净、厂清”，恢复试验前状态；恢复接线时，将螺丝拧紧，接线恢复后，由第二人复检，工作负责人认真监护	 电工证明  电气试验

续表

序号	风险点	风险分析	管控措施	相关图例
2	电气室、变电所、变压器室等重要场所管理	(1) 未建立重要场所工作许可制度,未建立值班出入管理制度。 (2) 重要场所门锁钥匙没有统一管理	(1) 建立电气室、变电所、变压器室等重要场所的值班管理制度和工作许可制度,禁止无关人员进出;进入重要场所工作必须经项目部和电气调试部门允许,确认安全后开具工作许可证,并有专人监护。 (2) 重要场所门锁钥匙必须由项目部的安全管理部门统一管理,不可交由施工队伍掌控	 电气室封闭管理
3	设备停送电	(1) 盘箱母线相间或对地绝缘不合格。 (2) 盘箱接地母排与接地干线未连接。 (3) 电缆线路相间或对地绝缘不合格。 (4) 电缆接地线与盘箱接地母排未连接。 (5) 电缆线路未校准。 (6) 电缆线路未紧固。 (7) 母线受电、馈电线路,用电设备送电前未清理现场。 (8) 送电时未经通信联络确认。 (9) 停送电所涉及区域和设备侧无人监护和检测。	(1) 检查盘箱母线相间及对地绝缘情况,确保绝缘合格。 (2) 确保盘箱接地母排与接地干线正确连接。 (3) 检查电缆线路相间及对地绝缘情况,确保绝缘合格。 (4) 确保电缆接地线与盘箱接地母排正确连接。 (5) 电缆线路送电前进行校准,确认回路正确,防止三相之间接错、漏接、短路现象发生。 (6) 检查电缆线路,确保电缆连接紧固。 (7) 送电前应清理受电区域,无关人员禁止进入。 (8) 送电时应使用对讲机即时通信,确保沟通顺畅,防止误操作。 (9) 停送电所涉及的区域和设备旁必须有熟悉现场和设备的专业人员监护、进行验电测试和挂牌操作。	 电气送电

续表

序号	风险点	风险分析	管控措施	相关图例
3	设备停送电	(10) 停送电操作人员没有相应电压等级的特种作业证书，单人操作无监护人，高压送电未执行操作票唱票制度。 (11) 设备送电后无警示标志。 (12) 隔离门、盘柜门未关闭。 (13) 开关及设备断电后，未进行挂牌警示，未设置隔离锁。 (14) 因调试需要或临时措施需要停电，未验电、放电，未采取保护措施和挂牌确认。 (15) 临时电源与正式电源切换相序不一致。 (16) 不熟悉现场和设备，误入带电间隔。 (17) 与带电设备安全距离不足	(10) 停送电操作必须有操作人及监护人，并且有相应电压级别的特种作业操作证，高压设备停送电必须编写操作票并按规范执行唱票制度。 (11) 变压器、电机等用电设备以及盘柜送电后应挂有“设备已送电”“有电危险”“设备正常运行”等明显警示牌。 (12) 关闭设备控制回路、主回路所在的盘柜门，关闭变压器室、电抗器室、电容器室等用电设备隔离门并上锁，防止无关人员碰触。 (13) 开关及设备断电后，必须挂“禁止操作”牌，并填写操作单位、负责人姓名、联系方式等信息，并上隔离锁防止误操作。 (14) 落实好操作票上的安全技术措施，停电后作业前验电检查确认，高压设备挂好接地线并合上接地刀闸，在上下级及工作设备上挂设接地线，防止误操作造成倒送电。 (15) 临时电源与正式电源切换时，要用相序表确认电源相序，确保线路使用设备安全，避免电机反转。 (16) 工作人员应熟悉现场环境，应有专人指挥、监护，确保不会误入带电间隔。 (17) 确保与带电设备安全距离，加强过程监护，作业过程按要求使用安全绳或防坠落装置，确保作业前可靠接地或增设保安线	 悬挂“禁止合闸，有人工作”牌  拉设警戒线

续表

序号	风险点	风险分析	管控措施	相关图例
4	电气设备调试	(1) 调试前无调试方案，调试方案未经审批，无安全技术交底。 (2) 调试人员未经特种作业培训。 (3) 设备安装后未经验收或验收不合格。 (4) 系统初始加电前未对设备、柜内元器件、线路等检查确认。 (5) 进行输入/输出(I/O)接口单点测试时未校线，单点测试时更改问题线路未断电	(1) 制定调试方案，并经审批合格，调试前对调试人员进行安全技术交底。 (2) 按规范要求做好调试人员的特种作业培训，并取得相应特种作业操作证。 (3) 设备安装后必须经相关人员验收合格后方可进行调试工作。 (4) 系统初始加电前应对设备的外观、安装情况、绝缘进行检查确认。 (5) 系统初始加电前应对盘柜内的电器元件、线路、接地装置、接地线进行检查确认。 (6) 系统初始加电前应对外部连接线路的安装状况、绝缘进行检查确认。 (7) 在进行I/O单点测试前必须根据图纸校线，确保线路的正确性；I/O单点测试过程中遇到线路问题，必须先断电再进行更改线路	 电气设备调试

2. 单体试车

序号	风险点	风险分析	管控措施	相关图例
1	单体试车	(1) 试车前没有制定试车方案或试车方案未经审批。 (2) 试车组织未建立、岗位人员未经安全生产培训。 (3) 未制定应急预案,应急预案未审批备案,应急预案未演练和检查。 (4) 个人劳动防护用品穿戴不规范,工器具、检测仪表未配齐。 (5) 通信联络不畅,光线不足,参与试车人员未听从指挥。 (6) 试车设备周围未清理杂物及拉设警戒线,未在设备周边放置消防灭火器,未设置明显的安全标识及试车标识。 (7) 设备未验收,附件未安装,挡块未焊接,螺栓未紧固到位。	(1) 制定单体试车方案,方案经审批合格。 (2) 建立单体试车组织,参与单体试车的人员经安全生产培训合格。 (3) 制定应急预案;应急预案经审批合格并进行备案;对应急预案实施进行演练和检查。 (4) 个人劳动防护用品必须正确佩戴、使用;检测仪表、工器具正确配备,并检测合格。 (5) 试车区域对讲机等必须按规定配备,同时设置充足的照明条件;通信系统合理分配频道,保证通信畅通;参与试车人员必须统一服从指挥。 (6) 清除所有与试车无关的设备、材料和杂物并拉设警戒线,同时在明显位置设置安全标识、试车标识及消防灭火器。 (7) 试车设备须经甲方及监理验收合格;需要将防护罩等附件全部安装到位,保证设备完成;固定挡块根据图纸要求要焊接牢固,地脚螺栓及连接螺栓紧固到位。	 拉设警戒线  挡块固定

续表

序号	风险点	风险分析	管控措施	相关图例
1	单体试车	(8) 试车前未根据设备性能、技术要求对每台设备的减速机或齿轮箱加注润滑油,对滑动轴承、滚动轴承、联轴器等部位加注油脂。 (9) 试车时公辅系统未投用。 (10) 未确认各种限位开关是否安装,未确认是否灵敏、牢固、可靠。 (11) 电动设备未进行电机运转,未将联轴器有效脱开,联轴器未进行临时固定。 (12) 设备试车直接高速运转。 (13) 设备试车未确定安全销状态。 (14) 液压或气动设备试车过程中未确定行程及设备的动作范围。 (15) 液压设备试车过程中未确定液压压力。 (16) 调试人员进入机组内进行电气及机械调试工作,主电源及控制设备未断电管	(8) 试车前要求每位试车人员详细了解设备的性能参数、技术要求;对每台设备的减速机或齿轮箱按技术要求位置进行加注润滑油;对每台设备的滑动轴承、滚动轴承、联轴器等部分按技术要求手动加注润滑脂,如自动加注油脂需要确定设备正常供油脂。 (9) 试车前保证循环水、压缩机、液压润滑等各系统能正常投用;试车前保证各系统的报警系统正常投用。 (10) 检查各种限位开关已按图纸安装到位,并保证灵敏、牢固、可靠。 (11) 电动设备需要先进行电机运转,运转前要先将联轴器有效脱开,并将联轴器有效临时固定。 (12) 设备试车要先手动,再电动;先点动,再连动;先低速,再中速、高速。 (13) 设备试车前确定安全销已打开,运转结束后及时将安全销恢复。 (14) 在液压或气动设备试车前要确认设备技术参数、行程范围,试车人员应远离行程范围。 (15) 在液压设备试车过程中要确保液压系统压力处于 3～5 MPa 以内。 (16) 调试人员进入机组内进行电气及机械调试工作前,必须断开相关的设备主电源,控制系统急停锁定并切断控制回路供电	 联轴器脱开并固定 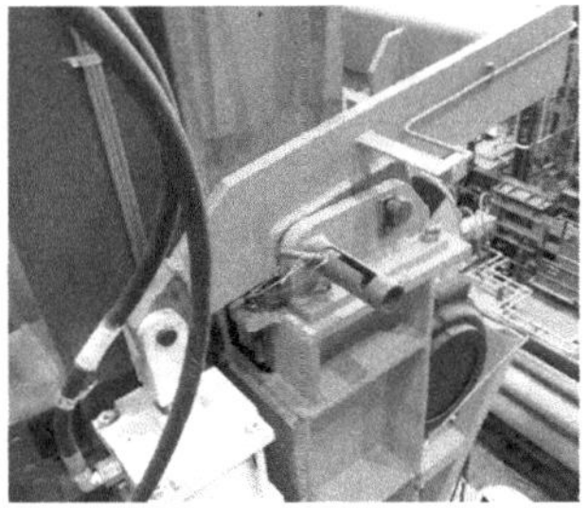 安全销状态确认

3. 联动试车

序号	风险点	风险分析	管控措施	相关图例
1	无负荷联动试车	(1) 试车前没有制定试车方案,试车方案未经审批。 (2) 试车组织未建立、岗位人员未经安全生产培训。 (3) 试车区域未划定,无关人员随意进出,安全通道、路线未规划,试车人员未按规定路线行走。 (4) 试车区域、场地未清理,未配备消防器材。 (5) 通信联络不畅,参与试车人员未听从指挥。 (6) 试车人员未按规范操作,保护性连锁、报警装置未投入,试车过程未按方案执行。 (7) 个人劳动防护用品穿戴不规范,工器具、检测仪表未配齐。 (8) 未制定应急预案,应急预案未审批备案,应急预案未演练和检查	(1) 制定无负荷联动试车方案,试车方案经审批合格。 (2) 建立联动试车组织,参与联动试车的人员经安全生产培训合格。 (3) 划定试车区域,悬挂警示标志,设有专人监护,禁止无关人员进入;规划安全通道、路线,并在地面及通道做明显引导标识,悬挂路线指示图;参与试车人员严格按照路线行走。 (4) 清理试车区域内有碍安全的机器、设备、走道杂物;对设备设施采取防护措施,现场按规定配备消防器材。 (5) 试车区域对讲机等必须按规定配备;通信系统合理分配频道,保证通信畅通;参与试车人员必须服从统一指挥。 (6) 参与试车人员必须按照联动试车方案及操作规程精心指挥和操作;保护性连锁、报警装置必须投用,保证试车安全。 (7) 个人劳动防护用品必须正确佩戴、使用;检测仪表、工器具正确配备。 (8) 制定应急预案;应急预案经审批合格并进行备案;对应急预案实施进行演练和检查	 无负荷联动试车

三、案例分析

（一）起重伤害事故

1. 事故经过

2013 年 6 月 18 日，某冶金检修公司班组在安装新的电炉除尘罩，除尘罩吊装就位后，张某和班组另一人进入立壁内侧紧固导向轮螺栓，发现立壁上端有点外倾，于是，起重工刘某就指挥行车工向里打小车，意图找正，在动车过程中，由于操作不当，将立壁走行轮和夹轨导向轮拉出轨道，导致张某左脚挤入轨道平台与行走底梁间，此时有人喊："快起小钩"，慌乱中行车工误起了大钩，使立壁大幅向里倾斜，将张某推下平台（落差 3.9 m），造成张某左脚踝及脚腕部粉碎性骨折。

2. 原因分析

（1）直接原因

① 行车工操作失误，小车移动过多；

② 吊物下有人，起重工违章起吊。

（2）间接原因

① 起吊大件时专职起重工只有一人，不能上下照应，对受力情况掌握不清；

② 上下通信联络有误；

③ 分工作业不协调，缺乏统一指挥。

（二）煤气中毒事故

1. 事故概况

2012 年 2 月 23 日上午，某冶金公司在进行加压站转炉煤气柜改造大修过程中，发生煤气中毒事故，造成 6 人死亡、7 人受伤。

2. 原因分析

（1）直接原因

施工人员在不了解回流管道内存在煤气的情况下，将加压站至煤气柜回流管盲板处的法兰螺栓拆除，导致盲板下移，回流管道内的煤气倒灌进入煤气柜，造成煤气柜内作业人员煤气中毒。

(2) 间接原因

对作业人员教育交底不到位，密闭有限空间作业时对作业环境监测确认不到位，未制定针对性施工方案，管理人员现场安全监督不到位。

(三) 火灾事故

1. 事故经过

2013 年 10 月 15 日，某冷轧厂进行酸再生机组废气风机拆除作业。15 时 30 分左右，某施工班组开始拆除洗涤塔风机及连接的法兰、管道和支架。约 16 时 20 分，施工人员先拆除了洗涤塔与风机相连管道的法兰螺栓，班长刘某山见连接风机与法兰间有一段 1 m 长的钢管，便安排焊工陈某峰将风机端部的钢管割除。陈某峰使用气焊工具对钢管进行切割，切割过程中，引燃了钢管内部衬胶及其后连接的 PPH(聚丙烯均聚物)管道，进而蔓延至管道后的洗涤塔，造成火灾。初期火灾发生后，施工人员及生产方利用移动式灭火器及洗涤塔工艺喷水装置进行了控制。当时，冷轧厂设备方打开洗涤塔内下部填料层上下两处人孔观察，看到填料层下方无明火和烟气，上方还有热的水汽冒出，误以为火灾已完全扑灭，于是组织施工人员撤离。18 时 30 分左右，余火复燃形成明火并迅速扩大。火灾造成洗涤塔及控制电缆烧损，无人员伤亡。

2. 起火原因

(1) 施工人员对风机端部带衬胶钢管直接使用气割作业，引燃钢管内衬胶及其法兰连接的 PPH 管道，进而蔓延至洗涤塔，引起初期火灾。

(2) 冷轧厂设备方对火情认识不足，初期火灾扑灭后，未留人对现场进行查看，余火复燃引发洗涤塔内填充材料燃烧，形成二次火灾。

建设工程施工安全管控丛书

冶金工程施工安全管控指南

C型封闭料场工程篇

李欣 / 主编
石军胜　马如建　吕宏　张银锋　李俊峰　王一飞 / 副主编

中国矿业大学出版社
· 徐州 ·

C 型封闭料场工程篇

主要起草人：贾志立、张杰、王文新、郭建、秦晓春、张健、夏云飞、张智博、刘琳、王勇

主要审核人：李俊峰、张银锋、马如建、熊民辉、杨浩、王立超、刘正国、陈棋、郑伟、张青

目　　录

C 型封闭料场工程篇

目前全国各大钢铁厂正在响应国家环保政策的号召而开展封闭环保料场的建设，相比 A 型、B 型、D 型、E 型料场，C 型封闭料场具有施工体量大、工艺复杂、施工技术难度大、安全风险高的特点。在所有类型的封闭料场建设中，C 型封闭料场具有典型的代表性，加之近几年类似 C 型封闭料场的工程项目较多，因此特编写本篇，以此指导 C 型封闭料场工程施工过程中的安全管控，规范安全生产，实现标准化管理，为项目管理人员提供安全管理的经验及化解安全风险的措施，进而提高其安全管理水平。

一、C 型封闭料场工程概述

（一）C 型封闭料场简介

C 型封闭料场：一般指采用有轨机械化堆取设备作业且料堆与料堆之间设有挡料隔墙的长型封闭料场。

C 型封闭料场工程施工包括：桩基工程，厂房及挡墙基础工程，钢筋混凝土挡墙工程，厂房钢结构工程，刮板堆取料机、带式输送机、卸料车等机电设备安装工程。

C 型封闭料场工程安全管控特点、难点如下表。

序号	C 型封闭料场工程安全管控特点、难点
1	施工体量大、施工周期长，点多面广，安全管控难度大，风险高
2	高处作业、临边作业、交叉作业、起重吊装作业量大，需要对危险源进行充分辨识，并采取应对措施
3	群桩、高大挡墙、高架卸料平台、厂房钢结构施工等施工技术难度大，安全技术风险高
4	施工涉及群塔作业、双机或多机抬吊作业、超高模板支撑体系搭设、大跨钢结构组装作业等超危作业

C 型封闭料场结构形式如下图。

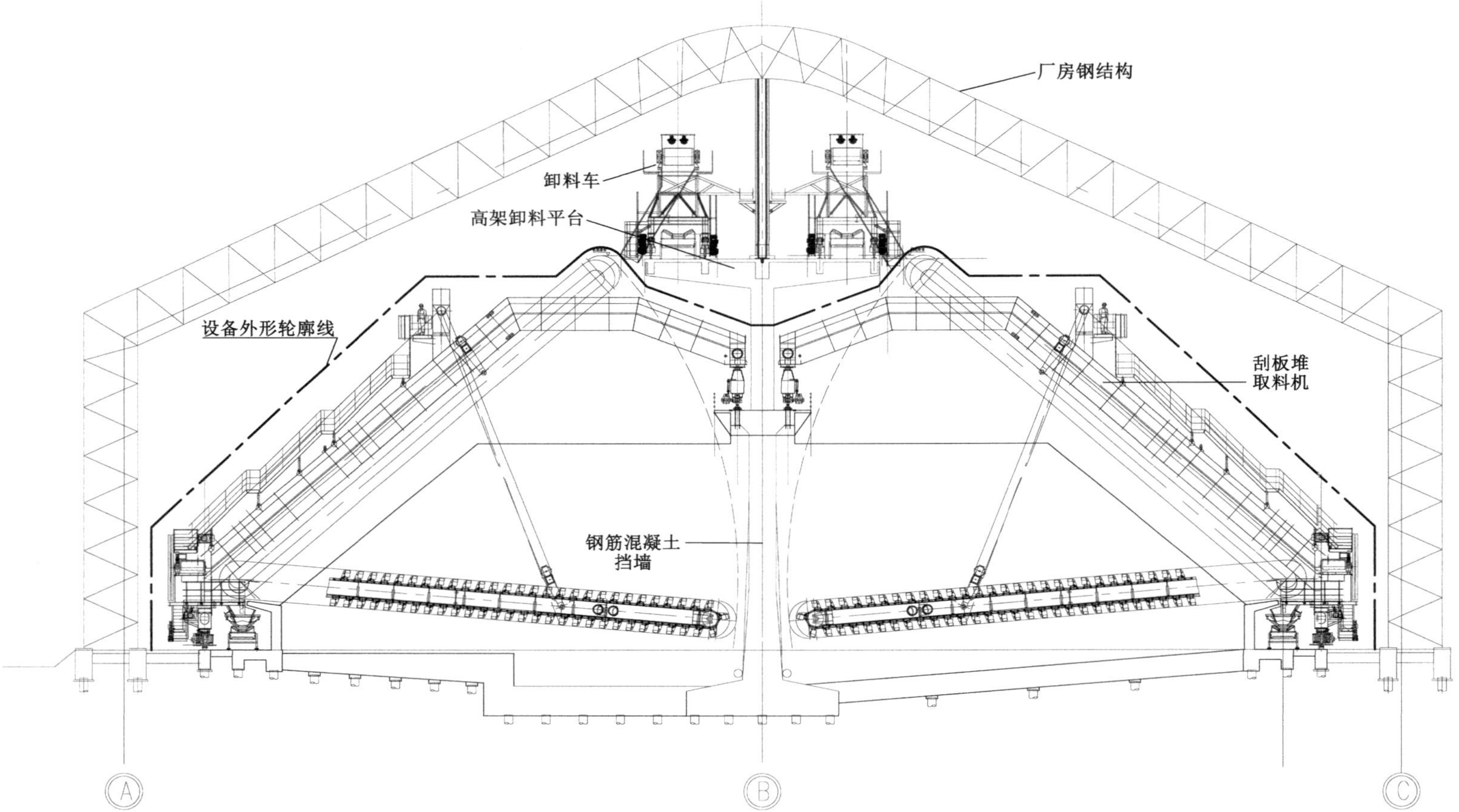

（二）C型封闭料场分类（按厂房结构形式分类）

序号	C型封闭料场分类	图例
1	门式结构：钢结构厂房为门式组合型钢结构	
2	管桁架结构：钢结构厂房为管桁架结构，主要有双管桁架、三管桁架结构	
3	网架结构：钢结构厂房为网架结构	

（三）C型封闭料场施工工序

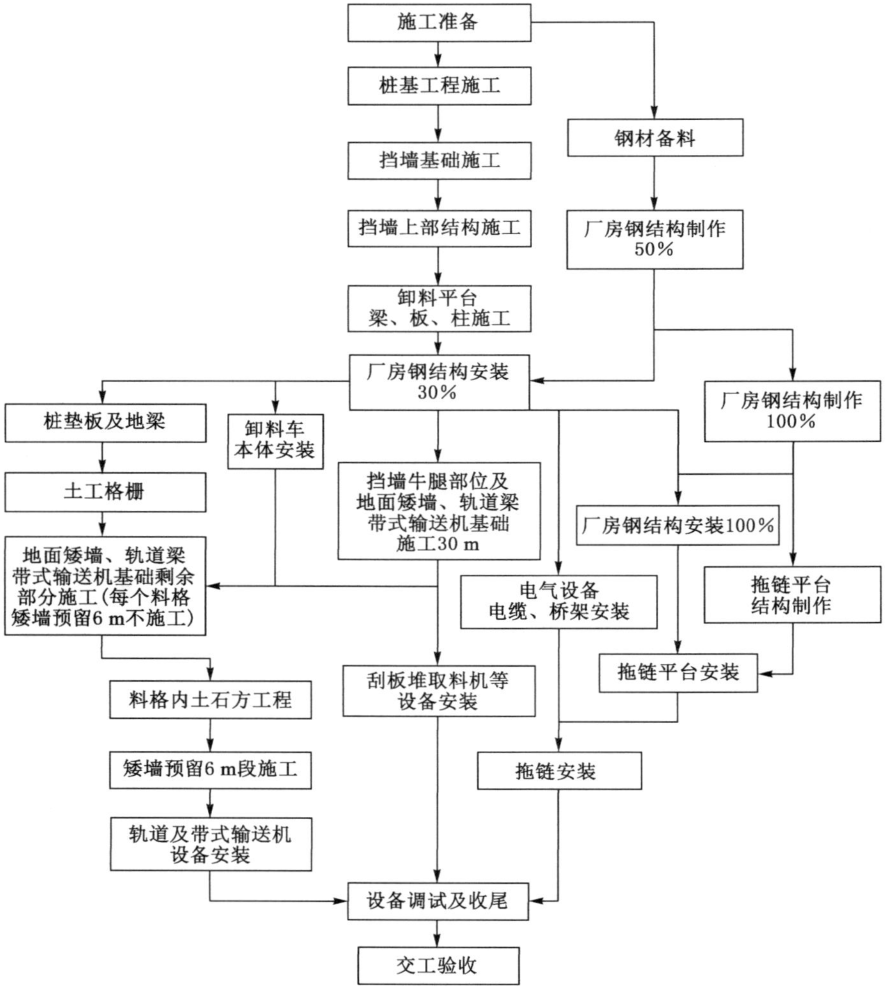

（四）C 型封闭料场工程专项施工方案清单

序号	专项施工方案名称	说明
1	临时用电专项施工方案	现场施工用电、临时办公及生活设施用电
2	桩机及履带吊安拆专项施工方案	
3	灌注桩作业专项施工方案	
4	PHC 桩(预应力高强混凝土桩)作业专项施工方案	
5	CFG 桩(水泥粉煤灰碎石桩)作业专项施工方案	
6	塔式起重机安拆专项施工方案	
7	群塔施工防碰撞专项施工方案	
8	卸料平台模板支撑体系搭设专项施工方案	超危大工程,需要专家论证
9	钢结构安装专项施工方案	超危大工程,需要专家论证
10	墙屋面板安装专项施工方案	
11	门式刮板堆取料机安装专项施工方案	超危大工程,需要专家论证
12	机电设备调试专项施工方案	
13	大体积混凝土浇筑专项施工方案	
14	原有设备拆除作业专项施工方案	刮板堆取料机拆除

二、C 型封闭料场工程安全策划

（一）安全技术策划

序号	策划项目	策划内容	技术措施	相关图例
1	复杂地质条件下大体量 PHC 群桩快速施工安全技术策划	如何按照合理的打桩施工顺序，有效组织桩机施工的同时，确保在有限的施工场地条件下，同时保证多达 15～20 台桩机同步作业时的安全问题	确定合理的打桩顺序，实行分段错位打桩，设置隔离缓冲区域，保持相邻桩机安全距离在 15～20 m。一般 C 型封闭料场工程打桩顺序为：中间挡墙桩—隔墙桩及料格地基处理桩—矮墙及地面带式输送机、轨道基础桩—厂房柱基桩	 桩基施工

续表

序号	策划项目	策划内容	技术措施	相关图例
2	超长、超高、超厚异形大体积钢筋混凝土挡墙快速施工安全技术策划	(1) 如何保证挡墙钢筋绑扎的稳定性。 (2) 如何保证挡墙模板安装的稳定性。 (3) 如何保证挡墙混凝土浇筑过程中的墙体稳定性。 (4) 如何保证高大挡墙施工全过程人员的安全	(1) 钢筋绑扎设置固定架，固定架采用钢筋焊接固定，确保焊接牢固可靠。 (2) 模板采用离线组装整体吊装技术，减少高处作业量；同时对拉螺杆必须经过计算确定安装间距及直径，通常2 m厚的挡墙，螺杆采用直径14～16 mm的对拉螺杆，间距400 mm左右，必要时设双螺帽紧固。 (3) 挡墙浇筑前设钢丝绳对称拉锚，浇筑采取分层浇筑，每层浇筑厚度控制在500 mm左右。 (4) 挡墙施工过程安全管控详见本篇“三、C型封闭常见风险及管控措施”中“(四) 挡墙及基础承台施工”	 焊接钢筋骨架  挡墙钢丝绳对称拉锚

续表

序号	策划项目	策划内容	技术措施	相关图例
3	大跨陡坡管桁架结构、门式刚架结构及大跨网架结构快速安装施工安全技术策划	(1) 如何保证钢结构安装过程中主体结构的稳定性。 (2) 如何保证大跨度、大坡度钢结构安装过程中人员的施工安全。 (3) 如何保证网架结构施工过程中结构的稳定性及施工人员安全。	(1) 大跨陡坡管桁架结构及门式刚架结构安装采取分段制作、现场地面组装、高空对称拼装的安装技术，确保结构安装过程中的稳定性。 (2) 大跨陡坡管桁架结构及门式刚架结构安装过程中使用直爬梯、屋面斜爬梯、吊笼、安全绳以及搭建临时作业平台等安全措施，确保作业人员安全。 (3) 网架结构安装可以采用三种安装方法，分别是高空散装法、网架滑移法、胎架滑移法，这三种方法均可有效解决施工过程中网架结构稳定性问题。其中高空散装法高处作业人员必须是长期从事网架散装施工的人员，且高处作业时设置安全绳、自觉系挂安全带；后两种方法借助拼装胎架平台，相对能够更安全地施工。	 网架滑移技术 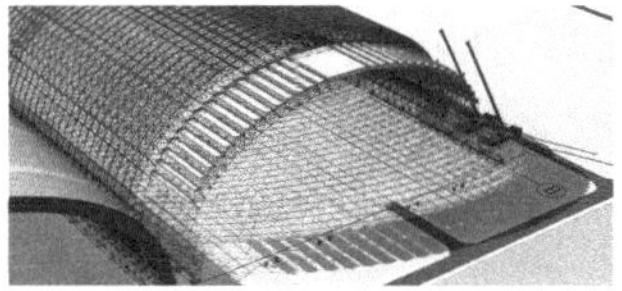 胎架滑移技术

续表

序号	策划项目	策划内容	技术措施	相关图例
3	大跨陡坡管桁架结构、门式刚架结构及大跨网架结构快速安装施工安全技术策划	(4) 如何保证围护结构安装过程中人员的施工安全。 (5) 如何保证钢结构、设备、土建等专业之间交叉作业时的施工安全	(4) 围护结构施工可以采取多件集中吊装技术减少高处作业量,同时设置安全绳、挂设安全带等措施,必要时设置安全网确保人员安全,屋面彩瓦施工应尽可能采取自动彩瓦安装机械实现机械化作业,减少施工人员高处作业量;墙面彩瓦施工应设置专用挂笼进行安装,并配备防坠绳、防坠器等。 (5) 采用C型封闭料场工序优化施工技术,优化土建、钢结构、设备安装施工工序,尽可能避免或减少交叉作业工作面或者缩短作业时间,有效规避风险,例如:分段进行卸料平台支撑体系架体拆除,与设备及结构作业面在空间上错开等	 围护结构多件集中吊装技术

续表

序号	策划项目	策划内容	技术措施	相关图例
4	超高卸料平台模板支撑体系搭设及卸料平台混凝土浇筑施工安全技术策划	(1) 如何保证卸料平台模板支撑体系搭设的稳定性。 (2) 如何保证卸料平台浇筑过程中模板支撑体系的稳定性	(1) 可以采取以下三种方法确保支撑体系搭设的稳定性:一是盘扣式模板支撑体系;二是钢结构工装平台＋脚手架;三是钢结构工装平台＋脚手架＋组合楼板技术。无论哪种方案,均需编制专项施工方案并经过专家论证后实施。 (2) 采用卸料平台混凝土对称浇筑技术	 盘扣式模板支撑体系  钢结构工装平台＋脚手架  钢结构工装平台＋脚手架＋组合楼板技术

续表

序号	策划项目	策划内容	技术措施	相关图例
5	门式刮板堆取料机设备安装安全技术策划	(1) 如何保证刮板堆取料机安装过程中设备的稳定性。 (2) 如何保证门架吊装过程的安全可靠	(1) 安装顺序及要求参照《冶金工程 C 型封闭料场设备安装与验收规程》执行。 (2) 门架吊装采用分段组装焊接、高空整体吊装、多机抬吊技术,确保门架吊装过程的安全可靠;门架吊装应编制专项施工方案经审批通过后实施,当门架跨度超过 36 m 时,其专项施工方案应进行专家论证。 (3) 设备安装应尽可能将附属设备或结构(栏杆、爬梯、平台等)随主体一起吊装就位,这样可以减少高处作业量,同时"永临结合"增加安全作业措施,有利于保证施工安全	 ICS 91.200 中国建筑业协会团体标准 团体标准 P73 T/CCIAT 0020—2020 冶金工程C型封闭料场设备 安装与验收规程 Specification for installation and acceptance of C-type closed yard equipment for metallurgical engineering 2020-04-30 发布 2020-06-30 实施 中国建筑业协会 发布 冶金工程 C 型封闭料场设备安装与验收规程  门架多机抬吊技术

（二）安全标准化策划

序号	策划项目及内容	相关图例
1	项目总体平面布置策划：主要有临时设施布置策划、物流策划等，可采用航拍等信息化手段实施	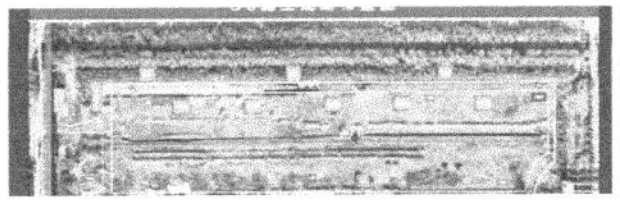 项目总体平面规划布置图
2	门禁系统策划：主要有门楼、实名制门禁系统等	 门禁系统设置示意图
3	场地道路硬化及冲洗设施策划：施工物流道路硬化及冲洗装置设置，可以采用固化土、钢渣、混凝土等硬化并在出入口设置冲洗装置，具备条件的也可考虑“永临结合”方案	 场地硬化  冲洗设施

续表

序号	策划项目及内容	相关图例
4	施工区域封闭策划：主要有施工区域临时封闭围挡等，可结合企业文化墙进行一体化设计	  施工区域临时围挡封闭示意图
5	临时设施策划：主要钢筋加工棚、木工棚、自行车棚、休息棚、临时厕所、项目临时办公室等临时设施	 现场临时休息棚  现场钢筋加工棚
6	安全体验区策划：可结合项目实际特点购置定制化的安全体验设施，也可自行制作适合本项目的综合性安全体验设施，以达到经济实用的目的	  现场安全体验设施

续表

序号	策划项目及内容	相关图例
7	环保施工策划：主要包括道路降尘、施工区域绿化、办公区域及施工现场节能环保措施，例如道路喷淋、塔式起重机喷淋、LED节能灯或太阳能灯具应用，垃圾分类回收等	 喷淋及照明一体化设施  环境一体化设备
8	施工物料摆放策划：采用定制化摆放工具进行物料摆放，规划材料摆放专用区域，并设置标牌	  施工物料摆放
9	其他临时设施策划：塔式起重机防护棚、人车分流通道、基坑围挡、一级配电箱防护罩设置、临时通道	 塔式起重机防护棚  人车分流通道

续表

序号	策划项目及内容	相关图例
10	各类标牌策划：各类安全警示标牌、施工班组管理看板、危险源告知牌、项目五牌两图、维权告知牌、班前宣讲台、亮点曝光牌等设置	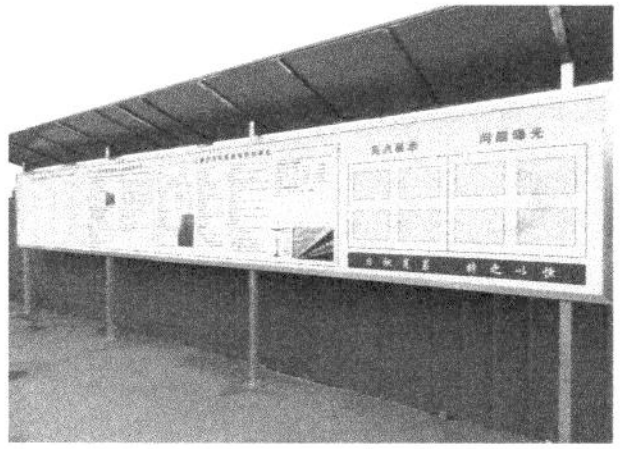 亮点曝光牌  各类安全警示标牌

三、C 型封闭料场工程常见风险及管控措施

（一）刮板堆取料机拆除作业

1. 刮板堆取料机拆除顺序

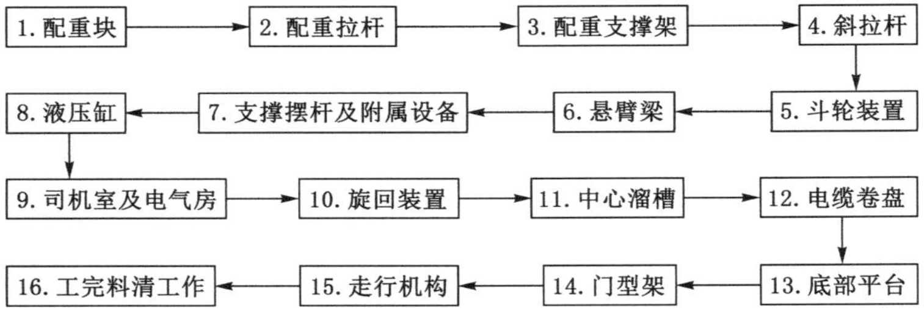

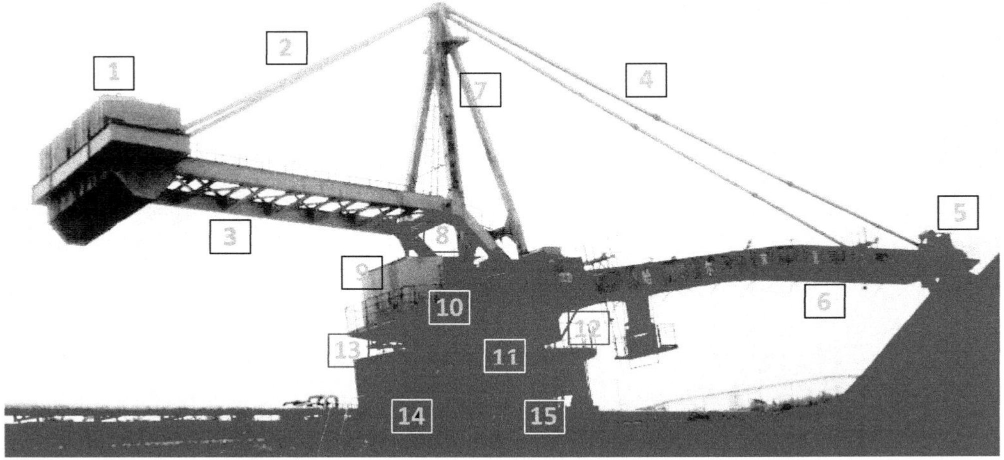

2. 刮板堆取料机拆除作业常见风险及管控措施

序号	风险点	风险分析	管控措施	相关图例
1	刮板堆取料机拆除	(1) 未编制拆除作业专项施工方案或方案未进行有效交底，导致安全事故发生。 (2) 高处作业未系挂安全带，未采取有效安全防护措施或未提供拆除作业操作面导致高处坠落事故发生。 (3) 拆除区域未做到隔离封闭管理，未设置安全警示标牌，施工人员随意进出，导致物体打击事故发生。 (4) 作业人员违章吊运或特种作业人员未持证上岗、违章指挥导致起重伤害事故发生	(1) 拆除作业需要编制专项施工方案，且方案需要交底到位。 (2) 高处作业需要系挂好安全带，设置好安全绳，并提供安全可靠的拆除作业操作面，同时做好施工作业人员的三级安全教育，提高安全意识，杜绝习惯性违章的发生。 (3) 拆除区域应设置警示隔离措施，设专人监管，无关人员禁止进入，同时应尽量采用机械拆除。 (4) 起重吊装作业应严格执行“十不吊”规定，加强监护，特种作业人员应持证上岗	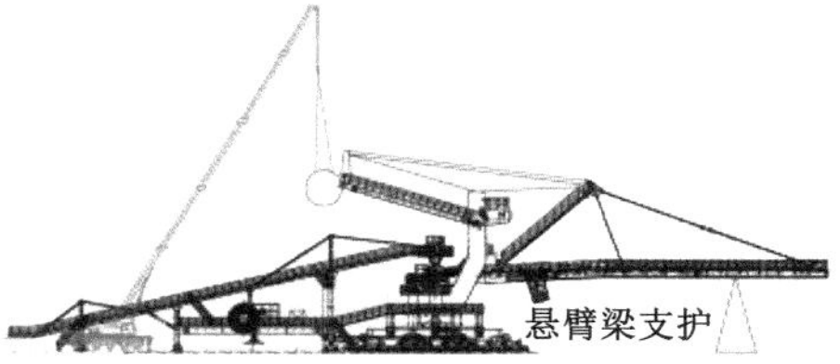 配重拆除施工示意图

（二）临时用电施工

序号	风险点	风险分析	管控措施	相关图例
1	生活区域用电	(1) 生活区配电线路不规范，电线私拉乱接，造成线路短路，引发火灾、触电事故。 (2) 生活区域使用大功率电器如热得快、小太阳、电磁炉等违规用电设备，用电负荷过大，引发火灾、触电事故。 (3) 工人下班后各类设备不断电，引发火灾事故。 (4) 用电设备、设施、电缆老化，无定期维护保养，引发触电、火灾事故。 (5) 生活区用电设备未设置独立开关箱，引发触电事故。 (6) 生活区域临建设施材料未按规范要求采用防火材料，当发生漏电时，临建设施着火导致火灾事故发生	(1) 编制专项施工方案，并进行方案交底，同时应制定用电管理制度。 (2) 统一规范布线，严禁私拉乱接电线。 (3) 通过智能限电模块，限制非法用电设备使用，同时做好安全教育工作，杜绝违规用电设备的使用。 (4) 通过时钟控制器根据工人上下班时间控制供电时间，防止火灾事故的发生。 (5) 老化用电设备、设施、电缆禁止使用，并加强维护和保养，及时更换老化设备、设施、电缆。 (6) 生活区用电设备、设施应按用电规范设置独立开关箱并做好接地保护。 (7) 生活设施区域采用防火材料搭设	 配电箱接线示意图 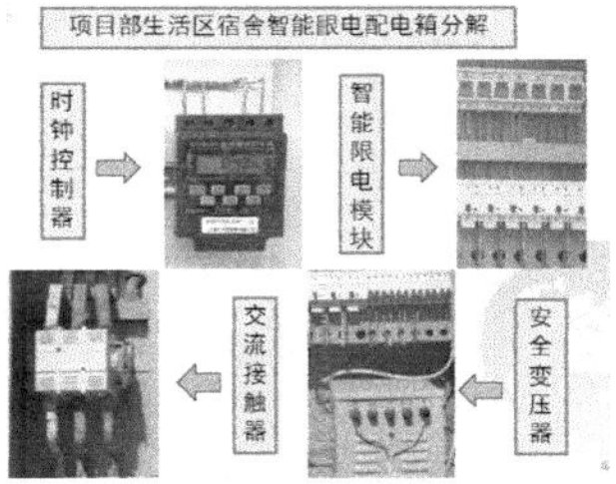 项目部生活区宿舍智能限电配电箱分解

续表

序号	风险点	风险分析	管控措施	相关图例
2	施工区域用电	(1) 施工现场未配备专职电工,日常巡检缺失,导致未能及时排查隐患造成触电事故发生。 (2) 一、二级配电箱未按要求设置防护棚或防护棚不具备通风、防雨、防碰撞功能,导致触电事故发生。 (3) 分配电箱与开关箱间距超过 30 m、开关箱与其控制的设备直线距离超过 3 m,存在用电安全风险。 (4) 塔式起重机等吊装设备与架空外电线路未保持安全距离导致触电事故发生。 (5) 配电箱、用电设备未做接零、接地保护导致触电事故发生。 (6) 交流焊机开关箱内未设置二次降压保护装置导致触电事故发生。	(1) 施工现场需配备专职电工,并健全和严格执行临时用电管理制度。 (2) 设置配电箱防护棚,防护棚应具备防雨、防高空坠物、防碰撞、防违章用电、通风等功能。 (3) 严格执行施工现场临时用电三项基本原则:采用 TN-S 接零保护系统、采用三级配电系统、采用二级漏电保护系统。 (4) 在建工程不得在带电架空线路正下方施工,应保持足够安全距离,在高压架空线路附近作业时,其安全距离应符合相关规定。 (5) 在 TN 接零保护系统中,电气设备不带电的外露可导电部分应做接零保护。 (6) 交流电焊机配备防二次触电保护器。	见下

电工持证上岗

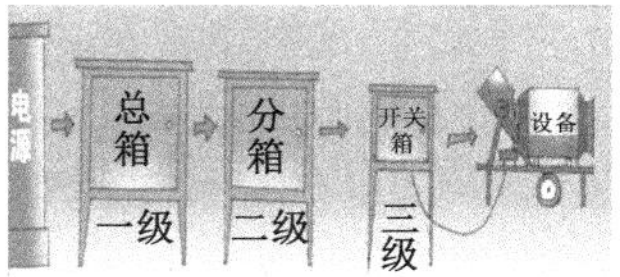

三级配电系统

起重机与架空线边线的最小安全距离

安全距离	电压/kV						
	<1	10	35	110	220	330	500
沿垂直方向/m	1.5	3.0	4.0	5.0	6.0	7.0	8.5
沿水平方向/m	1.5	2.0	3.5	4.0	6.0	7.0	8.5

续表

序号	风险点	风险分析	管控措施	相关图例
2	施工区域用电	(7) 电缆电线保护措施不当导致漏电造成触电事故发生。 (8) 二级配电箱存在直连用电设备、私拉乱接情况,三级配电箱一闸多机导致触电事故发生。 (9) 潮湿环境照明未使用安全电压,导致触电事故发生。 (10) 电焊机二次线长度超过30 m,致使二次线过热造成火灾	(7) 电缆穿管、穿墙、过路敷设时,应规范架设,必要时采取可靠覆盖措施,防止施工破坏;电缆不得浸泡于水、泥浆中。 (8) 严格执行三级配电、二级漏电保护原则,临时用电合理规划和布局,做到“一机一闸一漏一箱”。 (9) 一般情况下可使用 36 V 电压,在特别潮湿条件下应使用 12 V 或 6 V 安全电压。 (10) 电焊机二次线应采用防水橡皮护套铜芯软电缆,长度不宜大于 30 m	 “一机一闸一漏一箱”示意图

（三）桩基施工

1. 预制桩及灌注桩施工工艺

预制桩施工工艺流程示意如下图。

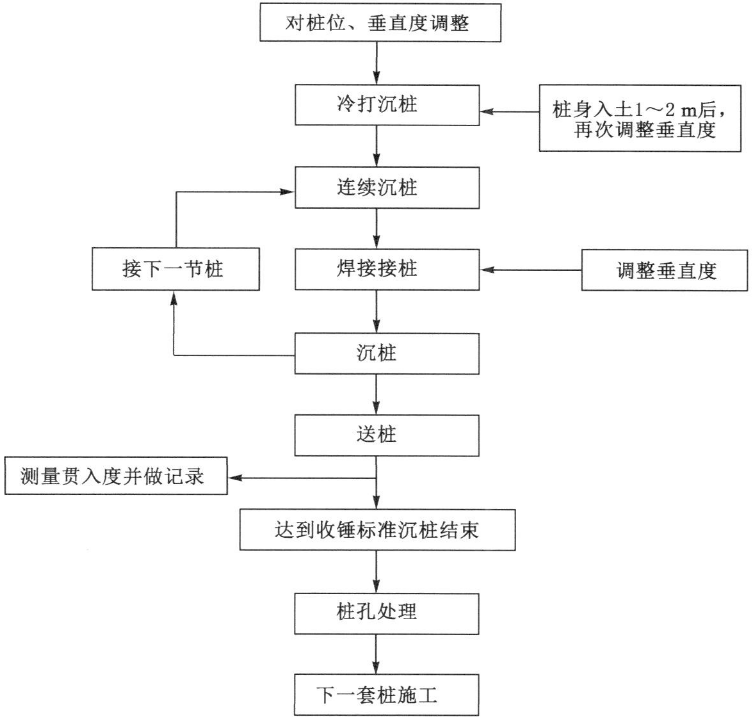

灌注桩施工工艺流程示意如下图。

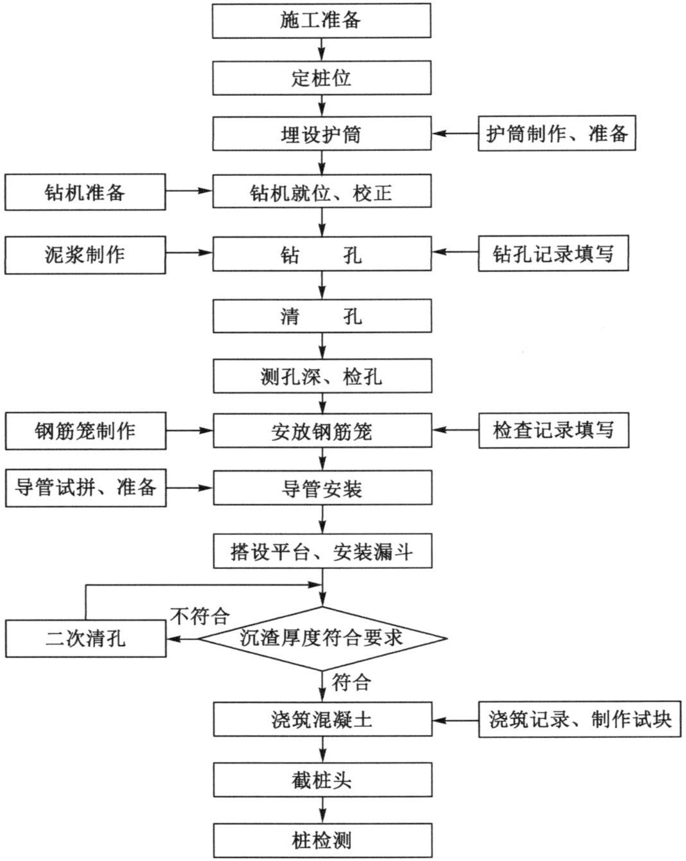

2．桩基施工常见风险及管控措施

序号	风险点	风险分析	管控措施	相关图例
1	起重吊装作业	(1) 吊索具如钢丝绳、卡环不符合要求，导致断裂、脱钩，造成起重伤害。 (2) 起重机吊钩上无防脱落装置造成起重伤害。 (3) 散装物件未采用专用吊笼，导致物件散落，造成起重伤害。 (4) 未设置警戒区域，人员随意进出造成物体打击或起重伤害。 (5) 未设置专职司索工，违章吊运作业造成起重伤害。 (6) 钢筋笼、预制桩等材料吊点设置不合理或钢筋笼吊点焊接不牢固导致其掉落，造成物体打击或者起重伤害事故。 (7) 偏心吊桩或强行拉桩、拖桩造成起重伤害。 (8) 违反“十不吊”规定，违章作业造成起重伤害	(1) 吊索具经过计算，严格按规范和方案选用，作业前检查验收通过后方可使用。 (2) 作业前对机械和吊索具检查，吊钩应有防脱钩装置。 (3) 散装物件应使用专用吊笼进行吊装。 (4) 设置警戒区域，夜间加设警示灯，吊装作业时无关人员严禁进出，设专人监护。 (5) 起重吊装作业应配备专职司索工。 (6) 钢筋笼、预制桩等材料起吊前对吊挂系统、吊索具、吊点焊接质量、捆扎质量检查确认。 (7) 严禁偏心吊装或歪拉斜拽，禁止拖桩。 (8) 严格执行“十不吊”规定	 吊装警戒  防脱钩装置

续表

序号	风险点	风险分析	管控措施	相关图例
2	桩机作业	(1) 桩机作业无专项施工方案,吊装过程中超工况、超荷载作业。 (2) 桩机作业前未进行验收确认,未进行隐患排查。 (3) 桩机作业时地基不平或承载力不够造成桩机倾覆,导致机械伤害。 (4) 机械行走路线内道路不满足移动要求造成桩机倾覆,导致机械伤害。 (5) 恶劣天气下强行作业造成桩机倾覆,导致机械伤害。 (6) 桩机作业前支腿伸出不到位,未调平或支腿下未采取钢板、枕木等可靠措施进行垫设造成机械倾覆,导致机械伤害。 (7) 桩机操作工不熟悉操作流程,桩机各部件存在老化或损坏严重情况造成机械伤害。 (8) 未佩戴相应劳动防护用品	(1) 桩机作业前应编制专项施工方案,审批通过后应进行交底;桩机作业过程中严禁超工况作业,严格执行"十不吊"规定,特种作业人员需持证上岗。 (2) 机械进场后,使用前应及时验收、报验。 (3) 作业面地基应平整、坚实,满足桩机正常工作要求,并应对地基进行承载力检测,若承载力不够应进行地基处理。 (4) 机械行走路线应满足机械移动要求。 (5) 恶劣天气下应停止作业,将桩机、起重机顺风向停置,并及时采取固定措施;复工前应进行安全检查。 (6) 桩机作业前支腿伸出到位,起重机必须调平,支腿下方应采取钢板、枕木等可靠措施进行垫设。 (7) 桩机操作工必须持证上岗,熟悉操作工艺和流程;同时应对桩机进行定期维护保养或维修,严禁带病作业。 (8) 正确佩戴劳动防护用品	 设置缆风绳

续表

序号	风险点	风险分析	管控措施	相关图例
3	预制桩沉桩作业	(1) 方案及操作规程交底未落实到位，人员在沉桩过程中未能与桩机之间保持安全距离，沉桩时突发爆桩或桩锤坠落造成机械伤害或者物体打击。 (2) 沉桩后，桩孔未及时进行封堵或覆盖，造成人员坠落伤害事故。 (3) 因桩材质量不合格或因不明地质情况造成爆桩引起混凝土脱落造成物体打击伤害	(1) 对所有作业人员进行方案交底及安全技术交底，确保沉桩作业时，施工人员距离桩机 10 m 以外；在满足停锤标准后，严禁超打，及时停锤，防止爆桩。 (2) 桩孔应及时回填，如来不及回填，应采取覆盖措施如焊接桩孔钢筋篦子进行有效防护。 (3) 桩基施工前，应检查桩材外观质量，验收合格后方可施工；遇到不明地质原因时，不可强行施打，必须查明地质情况后再施工	 施工人员与桩机保持安全距离
4	灌注桩成孔作业	(1) 清孔后长时间放置才进行混凝土灌注，或长时间放置未采取有效防护措施造成塌孔导致人员坠落伤害。 (2) 钻进过程中泥浆比重失控造成塌孔导致人员伤害	(1) 清孔后及时进行混凝土灌注。 (2) 钻进过程中严格控制泥浆比重，按规范要求施工	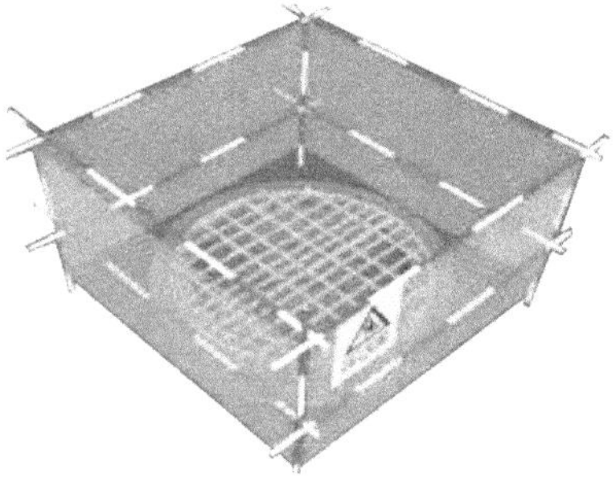 桩孔防护

续表

序号	风险点	风险分析	管控措施	相关图例
5	桩机安拆及维保作业	(1) 安拆作业未编制专项施工方案或方案交底不到位导致施工人员未按方案及规程施工造成机械伤害或起重伤害。 (2) 施工人员安拆、维保过程中违章作业，高处不系挂安全带，发生高处坠落事故。 (3) 桩机安拆、维保过程中上下桩机臂杆时未设置防坠绳发生高处坠落事故。 (4) 桩机安装后未进行检查验收即使用造成机械伤害。 (5) 桩机安拆过程中，起重吊装作业违反"十不吊"规定，违章作业	(1) 桩机安拆必须编制专项施工方案并经审批通过后认真交底实施。 (2) 施工人员应正确系挂安全带，应做好施工人员三级安全教育，提高安全意识，杜绝习惯性违章。 (3) 安拆及维保过程中，上下桩机臂杆时应设置防坠绳，安装防坠器。 (4) 桩机组装完毕后，应组织检查验收，检查合格报验监理后方可使用。 (5) 安拆过程中，起重吊装作业应严格执行"十不吊"规定，特种作业人员持证上岗	 桩机

续表

序号	风险点	风险分析	管控措施	相关图例
6	预制桩、钢筋笼运输、装卸作业	(1) 预制桩、钢筋笼运输工具选择不当或未采取抗滑移措施，造成桩材滑落伤人。 (2) 预制桩或钢筋笼放置不平稳、堆放层数过高、绑扎松动导致桩材滑落伤人。 (3) 车速过快导致交通事故。 (4) 卸桩过程中，人员站位不合理，桩材滑落导致物体打击。 (5) 卸桩过程中，出现钢丝绳断裂、脱钩问题造成桩材掉落或索具反弹伤人。 (6) 卸桩时未设置牵拉绳，导致桩材晃动不受控制造成人员伤害	(1) 桩材或钢筋笼运输宜采用平板车或驳船，装卸及运输时应采取防止滑移与损伤的措施，避免多次倒运。 (2) 运输时做到桩材平稳放置，装载均衡，捆扎牢固，运输过程中安排专人全程跟车检查。 (3) 行驶中不得急刹车，不准超车，两车保持安全车距，中途停车应选择安全地点，停车或未卸完货物时，司机及押运员不准离车。 (4) 卸桩时，施工人员严禁站在桩上。 (5) 卸桩前应检查钢丝绳完整性，卸桩时安排专人指挥，保持安全距离。 (6) 卸桩时，应设置牵拉绳，有效控制桩材摆放方向，减少桩材晃动	 预制桩运输

续表

序号	风险点	风险分析	管控措施	相关图例
7	预制桩、钢筋笼堆放作业	(1) 堆放场地不平整或地基承载力不够,造成地基不均匀沉降,导致桩材滑落。 (2) 堆放层数过高导致桩材滑落。 (3) 未放置垫木,垫木放置少或垫木质量差导致桩材滑落	(1) 堆放场地应平整坚实,排水条件良好。 (2) 应按不同规格、长度及施工流水顺序分类堆放,当场地条件允许时,宜单层堆放;当叠层堆放时,层数应满足相关要求。 (3) 堆放时应采取支垫措施,支垫材料宜选用长方木或枕木,不得使用有棱角的金属构件,叠层堆放桩时,应在垂直于桩长度方向的地面上设置 2 道垫木,垫木应分别位于距桩端 1/5 桩长处;底层最外缘的桩应在垫木处用木楔塞紧	 预制桩堆放
8	高压线下施工作业	(1) 未编制专项施工方案。 (2) 施工期间未安排专人指挥看管。 (3) 施工设备高度超限。 (4) 吊装用钢丝绳断裂、反弹,引起触电事故	(1) 编制专项施工方案,审批通过后进行交底,现场严格按照方案实施。 (2) 施工期间安排专职人员指挥看管。 (3) 严格执行施工设备进场验收制度,对设备高度进行控制,使其满足安全距离要求。 (4) 对钢丝绳进行受力计算,并不定期检查外观情况,不合格及时更换	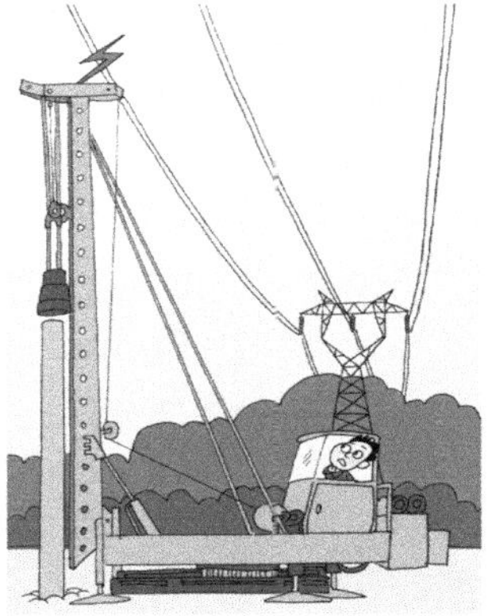 高压线下作业应满足安全距离要求

（四）挡墙及基础承台施工

1. 挡墙、基础承台结构形式及施工工艺

挡墙及基础承台结构形式如下图。

挡墙及基础承台施工工艺流程如下图。

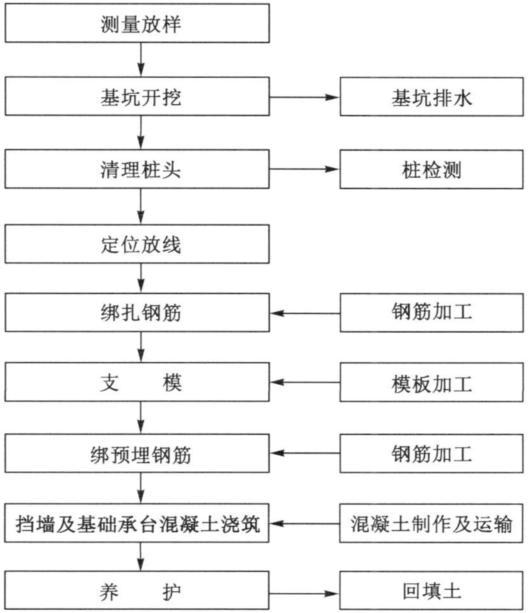

2. 挡墙、基础承台施工常见风险及管控措施

序号	风险点	风险分析	管控措施	相关图例
1	基坑作业	(1) 未设置安全防护栏杆或防护不到位,造成基坑跌落伤害。 (2) 人员上下通道缺乏或设置不合理、不规范,造成基坑跌落伤害。 (3) 安全防护栏杆不符合要求,造成基坑跌落伤害。 (4) 缺少对应的安全警示标牌。 (5) 未按方案施工,造成基坑塌陷、人员坠落或掩埋事故。 (6) 暴雨侵害,造成基坑塌陷。 (7) 坡顶超载,造成基坑塌陷。 (8) 支护不及时,造成基坑塌陷。 (9) 换撑条件不满足要求,造成基坑塌陷。 (10) 基坑监测不到位,造成基坑塌陷	(1) 基坑施工深度达到 2 m 时,按照高处作业和临边作业的规定,应搭设临边防护设施。 (2) 必须设置作业人员专用通道,基坑施工时,作业人员必须从专用通道通过,以确保安全。 (3) 安全防护栏杆搭设完毕后须验收合格,并悬挂验收合格牌。 (4) 基坑周边及围挡上应设置醒目的安全警示标牌、夜间警示灯等设施。 (5) 编制专项施工方案,必要时需经专家论证,审批完成后交底,现场严格按照方案实施。 (6) 坑顶设置挡水坝、坑底设置排水沟。 (7) 基坑边坡 1 m 范围内严禁堆放杂物,规定范围内严禁超载堆放。 (8) 基坑开挖时做到随挖随撑,先撑后挖。 (9) 满足换撑要求后,方可进行换撑施工。 (10) 第三方监测的同时,项目部在土方开挖过程中应加强施工观测,主要针对支护体系的变形情况、基坑外地面沉降或坑底隆起变形情况,以及邻近建筑物动态等,确保基坑稳定	 基坑作业人员专用通道  基坑安全警示标牌

续表

序号	风险点	风险分析	管控措施	相关图例
2	钢筋绑扎、模板安装、混凝土浇筑、脚手架施工作业	(1) 2 m以上高处作业施工人员违章施工，未系挂安全带。 (2) 施工安全措施不到位，未设置操作平台、未设置安全绳、未安装安全防护网，临边、孔洞等防护措施不到位。 (3) 劳动防护用品穿戴不合规，安全带挂设不规范，使用不合格的劳动防护用品。 (4) 施工人员搬运、安装钢管、扣件、钢筋、模板等施工材料时，构件、材料或工器具脱落砸中施工人员。 (5) 交叉作业管理不到位，造成物体打击。 (6) 作业平台或高处作业过道上杂物太多，未及时清理，未设置踢脚板，造成物体打击。 (7) 施工人员违章作业，高空抛物，造成物体打击。	(1) 加强安全教育，增加安全意识，杜绝习惯性违章，严格安全考核，加强现场巡检履职，确保高处作业安全带正确系挂。 (2) 根据施工方案将安全措施设置到位并验收合格后方可施工；设置操作平台、拉设钢丝绳、临边孔洞栏杆设置到位。 (3) 安全带系挂合规，严禁低挂高用，严禁使用未经检测合格的劣质安全带，严禁使用单钩安全带；正确穿戴合格的劳动防护用品，项目部应组织对劳动防护用品的材质进行检查确认，避免使用假冒伪劣产品。 (4) 做好安全监管，每天做好施工人员精神状态确认，督促施工人员施工过程中集中注意力，工器具集中存放，并采取可靠防脱落措施。 (5) 尽可能避免交叉作业，不可避免时，应派专人进行看护，防止物体脱落。 (6) 作业平台、过道两侧底部应设置踢脚板，防止杂物掉落。 (7) 严禁高空抛物，加强监管和考核。	 隔墙脚手架操作平台搭设

续表

序号	风险点	风险分析	管控措施	相关图例
2	钢筋绑扎、模板安装、混凝土浇筑、脚手架施工作业	(8) 未按方案施工造成浇筑过程中挡墙混凝土失稳。 (9) 未按方案施工造成挡墙钢筋绑扎骨架失稳。 (10) 未按方案施工造成脚手架等操作平台失稳。 (11) 未按方案施工,混凝土一次浇筑过高、荷载过大造成模板失稳。 (12) 挡墙厚度较厚,模板支设前,应对对拉螺杆的间距及螺杆直径进行计算,防止间距过大、螺杆过细造成断裂导致墙体失稳	(8) 挡墙混凝土浇筑前,其模板体系需采用钢丝绳进行对称拉锚,防止浇筑过程发生倾斜失稳,拉锚固定端应牢固可靠,一般可以考虑锚固在基础料格地基处理桩的端板上。 (9) 挡墙钢筋由于密度大,重量重,绑扎前必须搭设好钢筋绑扎骨架,防止钢筋绑扎过程中失稳。 (10) 脚手架、活动架等操作平台应与挡墙进行可靠连接,根部需固定牢固。 (11) 挡墙混凝土浇筑应分层浇筑,浇筑厚度一般在 50 cm 左右,一次浇筑高度不宜过大。 (12) 施工前应编制专项施工方案,对模板对拉螺杆间距及直径进行计算	 中间挡墙脚手架操作平台搭设

（五）卸料平台施工

1. 卸料平台施工工艺

卸料平台施工工艺流程如下图。

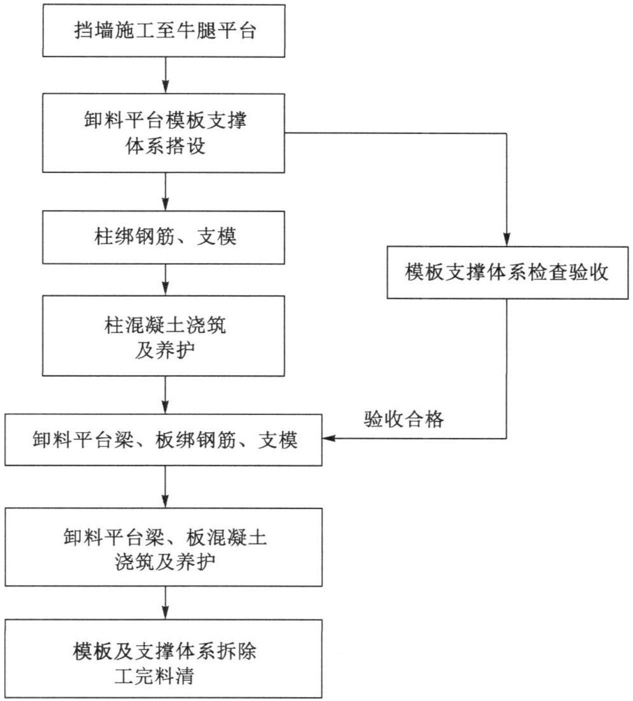

2. 卸料平台施工常见风险及管控措施

序号	风险点	风险分析	管控措施	相关图例
1	卸料平台施工过程面临的高处作业	(1) 高处作业、临边作业，未设置安全防护措施或防护措施不到位造成高处坠落事故发生。 (2) 作业人员上下通道缺乏或设置不合理、不规范，造成高处坠落事故发生。 (3) 安全防护栏杆不符合要求，造成高处坠落事故发生。 (4) 缺少对应的安全警示标牌。 (5) 施工人员违规操作，未系挂安全带或系挂不规范，造成高处坠落事故发生	(1) 在脚手架搭设过程中设置安全绳，在卸料平台柱中位置设置一道安全网，顶部设置安全过道，过道外侧设置安全栏杆，栏杆高度必须大于卸料平台顶部标高 1.2 m 以上。 (2) 卸料平台浇筑完毕后，其两侧根据设计要求，如有正式栏杆，应提前制作好，平台浇筑后，模板支撑体系拆除前提前安装到位，如没有正式栏杆，应安装临时防护栏杆，栏杆采用膨胀螺栓固定在平台混凝土面。 (3) 必须设置作业人员上下通道，以确保人员行走安全；同时应在通道处设置醒目的安全警示标牌、夜间警示灯等设施。 (4) 做好施工人员安全教育，提高安全意识，杜绝习惯性违章，安全带系挂规范。 (5) 加强安全巡视及违章检查	 卸料平台临时防护栏杆安装  栏杆固定方式

续表

序号	风险点	风险分析	管控措施	相关图例
2	卸料平台支撑体系搭设施工作业	(1) 混凝土浇筑或脚手架搭设未按方案施工，造成支撑体系坍塌。 (2) 施工荷载超重，造成支撑体系坍塌。 (3) 架体搭设材料质量不满足要求，造成支撑体系坍塌。 (4) 支撑系统地基承载力不足，造成支撑体系坍塌。 (5) 支撑体系设计及构造措施不满足要求，造成支撑体系坍塌。 (6) 支撑体系拆除过早，造成支撑体系坍塌。 (7) 架体监测不到位，造成支撑体系坍塌	(1) 编制高大模板支撑体系专项施工方案，并经专家论证，审批完成后交底，现场严格按照方案施工；同时编制卸料平台混凝土浇筑专项施工方案，并经过审批完成后交底、施工，重点关注支撑体系与卸料平台柱抱箍连接、利用挡墙对拉螺杆设置连墙件两个重要构造措施；同时混凝土分层对称浇筑，严禁一次浇筑到顶。 (2) 严格按照方案进行施工堆载，严禁平台上方集中过量堆放材料；一般不超过 9.8 kN/m^2。 (3) 对进场材料进行质量验收，并要求供货厂家提供其产品合格证书及第三方独立机构检测合格的性能报告，进行登记备案。 (4) 支撑系统地基应做好处理，防止地基松软、沉降、地基应设置排水措施，防止长时间水浸泡；地基承载力应通过计算确定。 (5) 支撑体系设计需要经过计算确定。 (6) 卸料平台支撑体系拆除应在现场同条件养护试块抗压强度达到设计强度标准值的 100% 以后方可拆除，如想尽量拆模，可提高混凝土标号。 (7) 卸料平台施工过程中，需要全程对支撑体系进行监测，包括水平位移及沉降量监测，发现问题，应及时停工补救	 连墙件设置  应力-应变监测

续表

序号	风险点	风险分析	管控措施	相关图例
3	钢筋、模板、脚手架工程	(1) 施工人员搬运、安装钢管、扣件、钢筋、模板等施工材料时，构件、材料或工器具脱落砸中施工人员。 (2) 管理不到位，未及时辨识交叉作业可能造成的物体打击事故。 (3) 施工人员未穿戴劳动防护用品或使用不合格的劳动防护用品。 (4) 作业平台或高处作业过道上杂物太多，未及时清理，未设置踢脚板，造成物体打击。 (5) 人员违章作业，高空抛物	(1) 加强安全教育，做好安全监管，每天做好施工人员精神状态的确认，督促施工人员施工过程中集中注意力。 (2) 卸料平台作业应避免交叉作业。 (3) 正确穿戴合格的劳动防护用品，项目部应组织对劳动防护用品的材质进行检查确认，避免使用假冒伪劣产品。 (4) 作业平台、过道两侧底部应设置踢脚板，防止杂物掉落。 (5) 严禁高空抛物，加强监管和考核	 作业平台上无杂物、两侧设置踢脚板

（六）钢结构安装

1. 钢结构安装施工工序

管桁架及门式钢结构安装工序如下图。

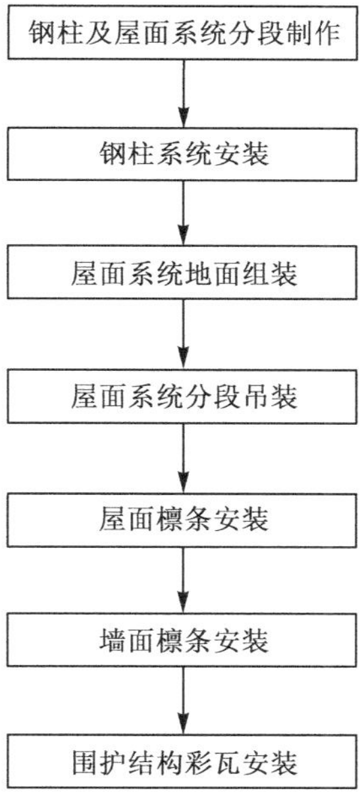

网架结构安装(胎架滑移/网架滑移)工序如下图。

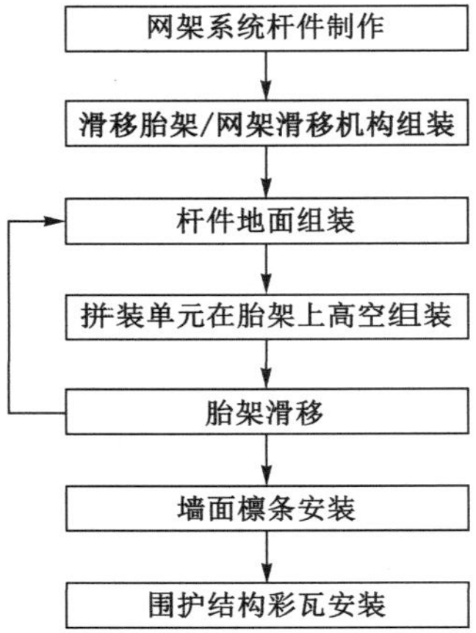

网架结构安装(高空散装)工序如下图。

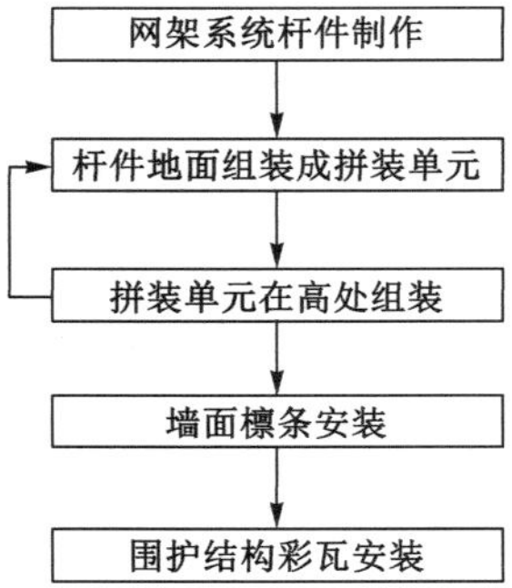

2. 钢结构安装常见风险及管控措施

序号	风险点	风险分析	管控措施	相关图例
1	钢结构高处作业	(1) 钢结构高处作业、临边作业,未设置安全防护措施或防护措施不到位。 (2) 人员上下通道缺乏或设置不合理、不规范。 (3) 安全防护栏杆不符合要求。 (4) 缺少对应的安全警示标牌。 (5) 施工人员违规操作	(1) 钢柱系统安装高处作业应搭设可靠的临时操作平台或吊笼。 (2) 钢柱系统、屋面系统应设置人员上下临时或永久爬梯及通道,人员上下应设置防坠绳、配备防坠器。 (3) 屋面系统作业纵横向应设置安全绳;安全防护栏杆应及时安装,可以考虑正式栏杆与主体结构同步安装。 (4) 在人员上下通道处设置醒目的安全警示标牌。 (5) 加强安全教育,提高安全意识,杜绝习惯性违章作业,确保安全带正确系挂	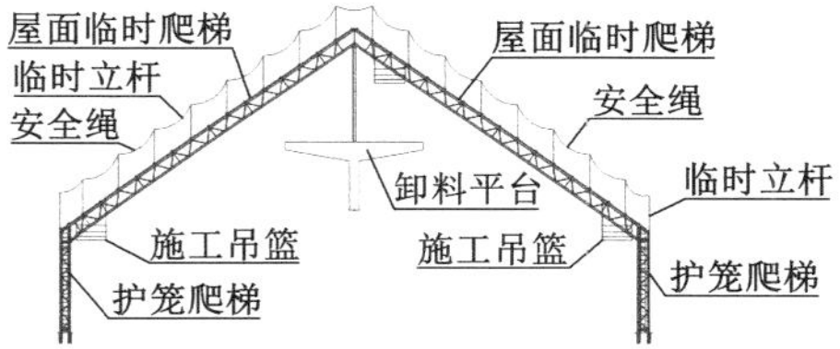 屋面系统安装的安全措施  正式栏杆与主体结构同步施工

续表

序号	风险点	风险分析	管控措施	相关图例
2	钢结构安装起重作业	(1) 钢结构吊装过程中起重机发生倾覆。 (2) 吊索具等未经检查验收即现场使用，无设备操作规程、无安全操作技术措施、未进行安全交底。 (3) 未严格按照方案进行吊装。 (4) 特种作业人员无证上岗	(1) 吊装前应确认周边环境，对吊装场地进行平整，并计算地基承载力是否满足要求。 (2) 各类设备、吊索具使用前项目部联合监理部门对设备进行检查验收，对作业人员进行设备操作技术措施交底，并留存签字记录。 (3) 编制吊装专项施工方案，交底到位，严格实施。 (4) 起重信号指挥和司索人员持证上岗，严格执行“十不吊”规定	 管桁架钢结构吊装

续表

序号	风险点	风险分析	管控措施	相关图例
3	管桁架、门式结构安装作业	(1) 安装顺序未按方案施工，造成钢结构失稳、人员伤害。 (2) 未设置缆风绳等防倾倒措施，造成钢结构失稳，人员伤害。 (3) 外力碰撞导致构件变形失稳。 (4) 连接螺栓或者高强螺栓紧固不到位，造成钢结构失稳、人员伤害。 (5) 极端恶劣天气造成失稳。 (6) 施工人员搬运和安装钢管、扣件、钢筋、模板等施工材料时，构件、材料或工器具脱落砸中施工人员造成伤害。	(1) 编制钢结构安装专项施工方案，并经专家论证，审批完成后交底，现场严格按照方案实施。 (2) 每榀钢结构吊装就位后，及时设置缆风绳固定，防止倾倒。 (3) 吊装过程严格执行“十不吊”规定，防止构件之间发生碰撞。 (4) 安装螺栓或高强螺栓必须 24 h 内紧固到位，且满足设计要求的紧固力矩。 (5) 极端天气下，严禁结构安装作业，并应提前采取加固措施，防止发生倾覆倒塌。 (6) 施工人员应绑扎好施工材料和工器具，防止其脱落砸伤人员。	 管桁架吊装  缆风绳固定

续表

序号	风险点	风险分析	管控措施	相关图例
3	管桁架、门式结构安装作业	(7) 管理不到位,未及时辨识交叉作业可能造成的物体打击事故。 (8) 施工人员未穿戴劳动防护用品或使用不合格的劳动防护用品。 (9) 作业平台或高处作业过道上杂物太多,未及时清理,未设置踢脚板,造成物体打击。 (10) 违章作业,高空抛物造成物体打击	(7) 加强安全教育,做好安全监管,每天做好施工人员精神状态的确认,督促施工人员施工过程中集中注意力。 (8) 正确穿戴合格的劳动防护用品,项目部应组织对劳动防护用品的材质进行检查确认,避免假冒伪劣产品使用。 (9) 作业平台、过道两侧底部应设置踢脚板,防止杂物掉落。 (10) 严禁高空抛物,加强监管	 钢柱系统安装

续表

序号	风险点	风险分析	管控措施	相关图例
4	网架结构安装作业	(1) 未编制专项施工方案,方案未审批,未进行专家论证;施工时未按照方案要求的安装顺序安装。 (2) 网架结构高空散装作业时,人员违章作业不系挂安全带,或安全带未固定牢固。 (3) 高空散装作业安全措施不到位,安全绳设置不到位、不合理。 (4) 散装作业时,地面拼装单元检查不认真,构件未连接牢固,造成网架坍塌或构件掉落导致物体打击伤害。 (5) 胎架、网架滑移作业时,未对胎架及拼装平台进行安全监测,造成胎架失稳或拼装平台失稳导致人员伤害。 (6) 胎架、网架滑移作业时,胎架及拼装平台上部安全措施设置不到位、不合理或者缺失造成高处坠落。 (7) 胎架、网架滑移作业时,液压行走机构出现故障,或者行走轨道顺直度、跨距有问题造成出轨脱落,导致胎架或网架滑落伤人	(1) 网架安装必须编制专项施工方案,且经过审批通过后实施,当跨度超过36 m时,还应进行专家论证;施工严格按照方案要求的施工安装顺序实施。 (2) 加强教育,强化管理和考核,杜绝习惯性违章,高处作业必须系挂安全带并高挂低用,固定牢固。 (3) 安全绳设置到位,且强度满足要求。 (4) 散装作业时,应认真进行地面拼装单元的检查验收,防止单元失稳、散落伤人。 (5) 应定期进行胎架或拼装平台的安全监测,监测应力变化、沉降位移等,确保其稳定性。 (6) 胎架或拼装平台上方应设置安全栏杆、安全绳,作业面采用竹篱笆等轻质材料铺设,设置踢脚板等措施。 (7) 胎架、网架滑移作业前,应对液压行走机构进行检查验收,另应检查轨道的顺直度和轨距,防止出轨脱落	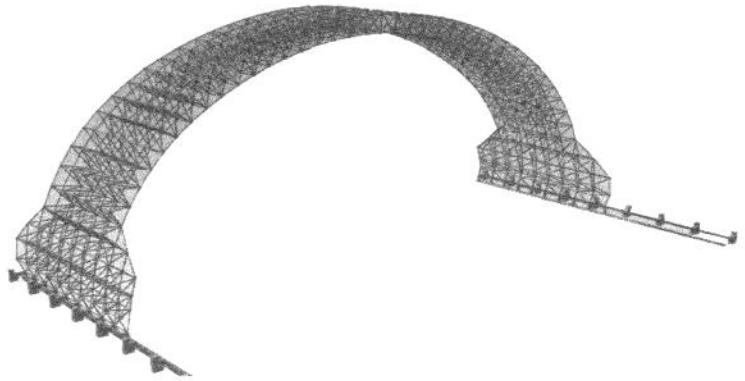 滑移胎架  胎架拼装平台搭设

续表

序号	风险点	风险分析	管控措施	相关图例
5	钢结构安装立体交叉作业	(1) 立体交叉作业无方案，无交底，无防护措施，造成物体打击。 (2) 立体交叉作业无监护人员，造成物体打击。 (3) 施工组织不合理，造成交叉作业管理混乱导致事故发生	(1) 尽可能避免或减少立体交叉作业，当不可避免时，应设置隔离保护措施。 (2) 施工过程设置专人进行监护。 (3) 交叉作业应合理组织，应采取空间错位或者时间错开的方式组织施工	 土建、钢结构安装、设备安装交叉作业

续表

序号	风险点	风险分析	管控措施	相关图例
6	围护结构安装作业	(1) 雨天、大风天气施工。 (2) 作业人员未配备安全防护用品。 (3) 高处作业爬梯、吊篮绑扎不牢发生伤人事故。 (4) 移动电动扳手、电钻时造成电源线、插头破损发生漏电伤人。 (5) 安装使用的小型机具、施工材料摆放、绑扎不牢,易坠落伤人	(1) 雨天、大风天气严禁作业。 (2) 安装前检查檩条、拉条是否安装牢固。 (3) 作业人员必须佩戴安全帽、安全带、安全绳、防坠器,作业人员必须将安全带系在防护设施上。 (4) 作业人员必须进行体检,不合格者严禁进行高处作业。 (5) 电动扳手、电钻等用电工器具使用前必须检查是否漏电、漏电保护器是否有效,电钻宜选用可充电式,用绳索固定在操作人员腰部以防止坠落砸伤他人。 (6) 钢梯挂钩直接挂入天沟,为防止钢梯后仰必须用绳索将挂钩绑扎牢固,防坠绳必须固定在天沟栏杆上与钢梯独立分开。钢梯布置在离墙 20 cm 处,地面平整以防止倾倒侧滑	 爬梯设置

（七）机械设备安装

1. 卸料车、刮板堆取料机、带式输送机安装工序

卸料车安装工序：基础验收→轨道安装调整→行走装置安装→主车架结构组拼及安装→辅助设施安装→拖链系统安装。

刮板堆取料机安装工序：轨道及基础验收→行走机构安装定位→大梁、平台安装→门架地面组装→门架吊装→卷扬机平台、取料溜槽、缓冲器、驱动轴承、卷扬机等安装→刮板臂地面组装→刮板臂吊装→穿刮板链条及刮板→电缆卷筒、电气室、司机室安装→润滑系统及加油。

带式输送机安装工序：基础验收→机架安装→滚筒、托辊、拉紧装置安装→皮带安装及硫化→拉绳开关、清扫器等辅助设施安装。

2. 机械设备安装常见风险及管控措施

序号	风险点	风险分析	管控措施	相关图例
1	机械设备安装高处作业	（1）刮板堆取料机、卸料车、带式输送机、轨道等安装所涉及的高处作业、临边作业，未设置安全防护措施或防护措施不到位。 （2）人员上下通道缺乏或设置不合理、不规范。 （3）临边孔洞防护措施不符合要求。 （4）缺少对应的安全警示标牌。 （5）施工人员违规操作，未系挂安全带或系挂不规范	（1）高处作业的安全防护措施设置到位，主要包括刮板堆取料机、卸料车上的安全栏杆及时同步安装就位，高处作业设置安全绳；其中应重点注意卸料平台及牛腿平台两侧正式栏杆应提前制作，待土建施工完毕立即安装。 （2）设备安装高处作业应设置人员上下临时或永久爬梯及通道，爬梯应设置护笼。 （3）临边孔洞应及时防护，主要包括：卸料平台两侧临边防护、清料预留孔洞防护、牛腿平台两侧临边防护等。 （4）在人员上下通道处设置醒目的安全警示标牌。 （5）加强安全教育，提高安全意识，杜绝习惯性违章作业，确保安全带正确系挂	 牛腿平台正式栏杆安装

续表

序号	风险点	风险分析	管控措施	相关图例
2	刮板堆取料机设备安装	(1) 安装顺序未按方案施工造成设备失稳。 (2) 行走机构未设置临时支撑措施，造成设备失稳。 (3) 外力碰撞导致设备失稳。 (4) 垂直度、倾斜度不满足设备安装技术规范要求，造成设备失稳	(1) 编制设备安装专项施工方案，并经专家论证，审批完成后交底，现场严格按照方案实施。 (2) 行走机构安装就位后应设置临时支撑措施。 (3) 吊装过程严格执行“十不吊”规定，防止构件之间发生碰撞。 (4) 严格控制设备安装精度，尤其是刮板堆取料机安装，其轨道跨距、行走机构垂直度、门架拼装精度要满足设备安装技术规范要求	 行走机构临时止挡安装  行走机构临时钢丝绳固定
3	机械设备起重吊装作业	(1) 设备吊装过程中起重机发生倾覆。 (2) 吊索具等未经检查验收即现场使用，无设备操作规程、无安全操作技术措施、未进行安全交底。 (3) 未严格按照方案进行吊装。 (4) 特种作业人员无证上岗	(1) 吊装前应确认周边环境，对吊装场地进行平整，并计算地基承载力是否满足要求。 (2) 各类设备、吊索具使用前项目部联合监理部门对设备进行检查验收，对作业人员进行设备操作技术措施交底，并留存签字记录。 (3) 编制吊装专项施工方案，交底到位，严格实施。 (4) 起重信号指挥和司索人员持证上岗，严格执行“十不吊”规定	 刮板堆取料机双机抬吊

续表

序号	风险点	风险分析	管控措施	相关图例
4	机械设备安装立体交叉作业	(1) 立体交叉作业无方案，无交底，无防护措施。 (2) 立体交叉作业无监护人员	尽可能避免或减少立体交叉作业，当不可避免时，应设置隔离保护措施，并安排专人进行监护	 各专业交叉作业
5	电焊作业	(1) 电焊机未设专门的放置地点，随意摆放。 (2) 焊接作业未设置接火斗，下方未进行相应范围的封闭警戒，未安排人员值守。 (3) 下方未设置安全通道、警示标牌，未设置监护人员。 (4) 施焊场地周围易燃易爆物品未清除或进行覆盖、隔离，未在施焊部位配备灭火器材。 (5) 焊钳与把线绝缘不佳，连接不牢固，在潮湿地点工作，未站在绝缘胶板或木板上。 (6) 焊接作业未佩戴安全防护工具	(1) 电焊机必须设有专门的放置地点，严禁随意摆放。 (2) 焊接作业要设置好接火斗，下方进行相应范围的封闭警戒，安排人员值守，尤其是与电气专业穿插作业时，要注意对电缆、拖链进行保护，要求采取防火覆盖措施。 (3) 下方设置安全通道、警示标牌，安排监护人员值守。 (4) 电焊工及气割工须持特种作业证上岗，作业证过期未年审的不准作业。 (5) 焊钳与把线必须绝缘良好，连接牢固，更换焊条要戴手套，在潮湿地点工作，应站在绝缘胶板或木板上。 (6) 施焊场地周围应清除易燃易爆物品，或用防火布进行覆盖、隔离，并配备灭火器材	 电焊机

续表

序号	风险点	风险分析	管控措施	相关图例
6	设备调试作业	(1) 未编制专项施工方案指导现场调试施工。 (2) 人员违规进入运转、调试区域导致机械伤害。 (3) 设备漏电保护装置缺失、接电错误等导致人员触电、火灾事故发生	(1) 编制机电调试专项施工方案,并审批备案、认真交底。 (2) 试车前应制定试车制度,成立试车小组,并组织操作人员认真学习试车方案,安全措施和送、停电有关的规章制度。 (3) 在安装、调试、使用过程中,无关人员必须远离设备和设备工作区域,并做好警示隔离措施。 (4) 在刮板堆取料机上工作的人员应按规定着装,不允许长发外露,不允许穿宽松的衣服,不允许佩戴珠宝首饰等,防止被设备缠住,导致人身伤害。 (5) 送电前检查工作接地和保护接地系统是否齐全,所有开关均应处于断开位置,并确定所有人员均已离开即将带电的电机。 (6) 消防措施如灭火器等应准备齐全	 设备调试期间的安全警示标牌

（八）塔式起重机作业

序号	风险点	风险分析	管控措施	相关图例
1	塔式起重机高处作业	(1) 塔式起重机司机及维修人员违章作业，未系挂安全带。 (2) 安全防护措施不到位，未设置防坠绳及防坠器	(1) 做好安全教育，提高施工人员安全意识，杜绝习惯性违章，确保安全带正确系挂。 (2) 塔式起重机上下设置直爬梯，并安装防坠绳，设置防坠器	 塔式起重机直爬梯、防坠绳设置
2	塔式起重机安装作业	(1) 安装未按方案施工，造成失稳。 (2) 违章吊运，导致荷载过大，造成失稳。 (3) 设备设施、构件老化，造成失稳。 (4) 基础沉降或承载力不满足技术要求，造成失稳。 (5) 管理不到位，未进行维护保养及检查，造成失稳	(1) 编制塔式起重机安拆及群塔施工专项施工方案，审批完成后进行交底，现场严格按照方案实施。 (2) 吊装过程严格执行“十不吊”规定。 (3) 塔式起重机进场前需要对设备、设施、构件进行外观检查，验收合格后方可安装。 (4) 塔式起重机基础应按照厂家技术参数要求进行设计计算，塔式起重机基础周边应高出自然地面标高，如有积水，应设置排水沟定期排水。 (5) 塔式起重机设专人定期保养维护，留存书面记录	 群塔施工作业

续表

序号	风险点	风险分析	管控措施	相关图例
3	塔式起重机起重作业	(1) 违章吊装,造成伤害。 (2) 吊索具等未经检查验收即现场使用,无设备操作规程、无安全操作技术措施、未进行安全交底。 (3) 未严格按照方案进行吊装。 (4) 司机及指挥人员无证上岗,操作不当引起事故。 (5) 群塔之间发生碰撞导致倾覆。 (6) 极端恶劣天气造成倾覆	(1) 吊装前应确认周边环境,对吊装场地进行平整,并计算地基承载力是否满足要求。 (2) 各类设备、吊索具使用前项目部联合监理部门对设备进行检查验收,对作业人员进行设备操作技术措施交底,并留存签字记录。 (3) 编制吊装专项施工方案,交底到位,严格实施。 (4) 特种作业人员必须持证上岗。 (5) 严格按照群塔施工方案作业,塔身之间保持安全距离。 (6) 遇大风、大雪等极端天气,应停止作业	 C型封闭料场 塔式起重机作业
4	群塔作业	(1) 群塔作业未编制专项施工方案。 (2) 塔身之间安全距离不够,发生碰撞或钢丝绳缠绕	(1) 编制群塔作业施工方案,并经审批、交底后实施。 (2) 群塔作业应遵守低塔让高塔、后塔让先塔、动塔让静塔、轻车让重车、客塔让主塔的原则,高塔的最低部件和另一台塔式起重机的最高部件之间的净高差必须大于2 m;当塔式起重机在另一台塔式起重机的上面工作时,高塔必须配备防止起升钢丝绳进入正在工作的低塔的平衡臂工作区域的装置,安全距离不小于2 m	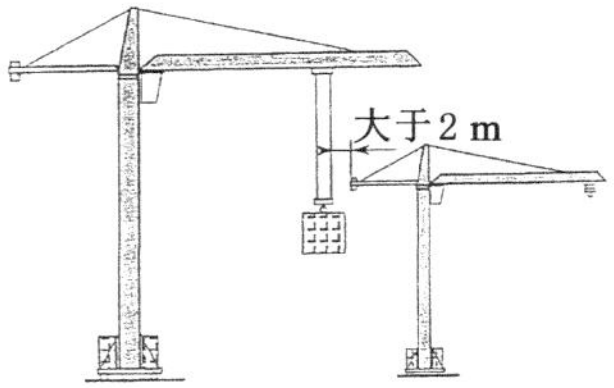 群塔作业安全距离示意图

续表

序号	风险点	风险分析	管控措施	相关图例
5	塔式起重机拆卸作业	(1) 未编制专项施工方案。 (2) 设备资料及安装资质未备案。 (3) 未按规定进行设备接电、调试造成的触电、火灾事故。 (4) 设备构配件吊运造成的起重伤害、物体打击。 (5) 作业人员违规交叉作业造成的机械伤害、高处坠落。 (6) 未按照方案、技术要求进行拆卸造成的塔式起重机倾覆、构配件脱落	(1) 编制塔式起重机安拆专项施工方案，并完成审批备案。 (2) 施工前检查塔式起重机的制造许可证、产品合格证、备案证明等原始资料及安装单位资质材料，并进行登记备案，建立管理台账。 (3) 拆卸前对电机、电源线、开关等电气设备进行检查，对老化、破损部件进行替换，作业人员必须具有相应的专业技能证书。 (4) 作业人员严格按照规定施工，严禁擅自进入设备运行区域。 (5) 交叉作业应设置隔离保护措施，并安排专人进行监护。 (6) 严格按照施工方案、技术标准及安拆顺序施工，严格执行监督验收制度	 塔式起重机拆卸作业

四、案例分析

1. 事故概况

2016年11月，某C型封闭料场工程在浇筑卸料平台楼板时，混凝土泵车大臂断裂，砸中正在浇筑作业的施工人员陈某头部，致使陈某安全帽破裂，头部受伤昏迷倒地后被立即送往医院抢救，经抢救后虽无生命危险，但造成严重伤残。事故现场照片如下图。

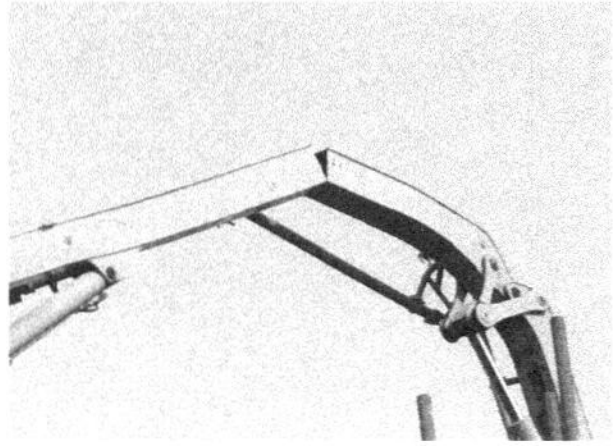

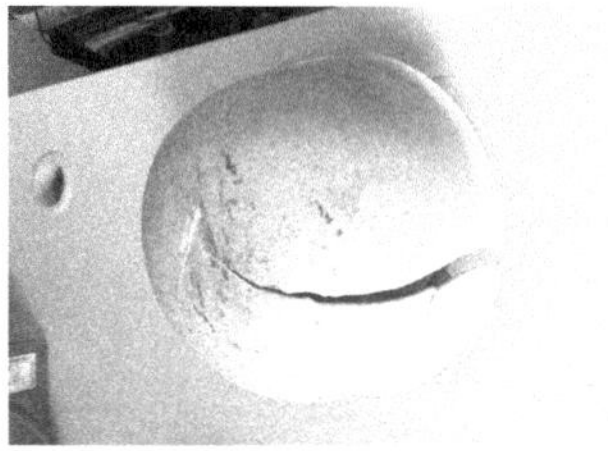

2. 原因分析

(1) 混凝土泵车为搅拌站租赁，由于混凝土搅拌站公司疏于管理，未对泵车设备进行定期检查、维护、保养，未及时发现泵车大臂焊缝裂开，最终断裂造成机械伤害是本次事故的直接原因。

(2) 总包单位未对进场设备进行检查验收，危险源辨识不充分，未能及时发现泵车大臂裂缝隐患是本次事故的间接原因。

3. 事故总结

(1) 施工现场应定期开展对自有及租赁的施工机具(挖机、泵车、起重机等机具)的危险源识别和隐患排查工作，及时发现和排查隐患。

(2) 必须认真落实施工现场劳动防护用品穿戴情况，此次事故充分体现了劳动防护用品对于生命安全的保障作用。

建设工程施工安全管控丛书

冶金工程施工安全管控指南

制氧工程篇

李欣 / 主编

石军胜　马如建　吕宏　张银锋　李俊峰　王一飞 / 副主编

中国矿业大学出版社

· 徐州 ·

制氧工程篇

主要起草人：席春生、孙兴利、岳伟伟、罗浩、张有智、万赤钢、陶晓龙、马启升、余淑昌、李晓垠、王焕香

主要审核人：马如建、张银锋、王一飞、杨志亮、王维新、阳代茂、熊民辉、张青

目　录

制氧工程篇

制氧工程施工区域狭小、布置紧凑，土建与安装施工交叉作业，平面协调难度大；施工区域四周一般紧邻制氧生产区，动火作业管控要求非常严格；超长、超宽、超重的大件设备多，运输沿途障碍多，成品保护难度大，大件设备双机抬吊作业多，风险高；露天作业、高处作业多；冷箱内空间狭小，涉及专业多（钢结构、机械设备、管道、电气、仪表安装及调试），内部脚手架结构复杂（满堂脚手架，需根据塔器、管道及焊口位置进行合理搭设），焊接作业量大，密闭空间窒息风险高。为进一步准确判定并及时消除制氧工程生产安全重大隐患，明晰安全风险，规范安全管理，特编制本篇。

一、制氧工程概述

（一）制氧工程简介

制氧工程是原料空气经加压、预冷、纯化、液化、精馏等工艺，从而获得所需的氧气、氮气、氩气等产品的工程，其核心装备为空分设备。制氧工程的生产系统通常包括空气压缩机系统、预冷系统、分子筛纯化系统、增压膨胀机系统、分馏塔系统、氧/氮压缩机系统、调压站系统等。制氧工程按专业可划分为桩基施工、土建基础施工、钢结构施工、机械设备安装、管道安装、电气仪表安装与调试、设备及管道拆除等。

分部工程主要包括：原料空气压缩设备安装、空气预冷及净化设备安装、空气分离设备安装、产品气体压缩设备安装、低温液体储备系统设备安装、稀有气体提取设备安装、常温吸附空气分离设备安装等。分部工程涉及的危大工程主要有：基坑工程、模板工程及支撑系统、起重吊装及起重机械安装工程、钢结构安装工程、脚手架工程、设备及管道拆除工程等。

（二）制氧工程施工工艺流程

1. 分体冷箱施工工艺流程

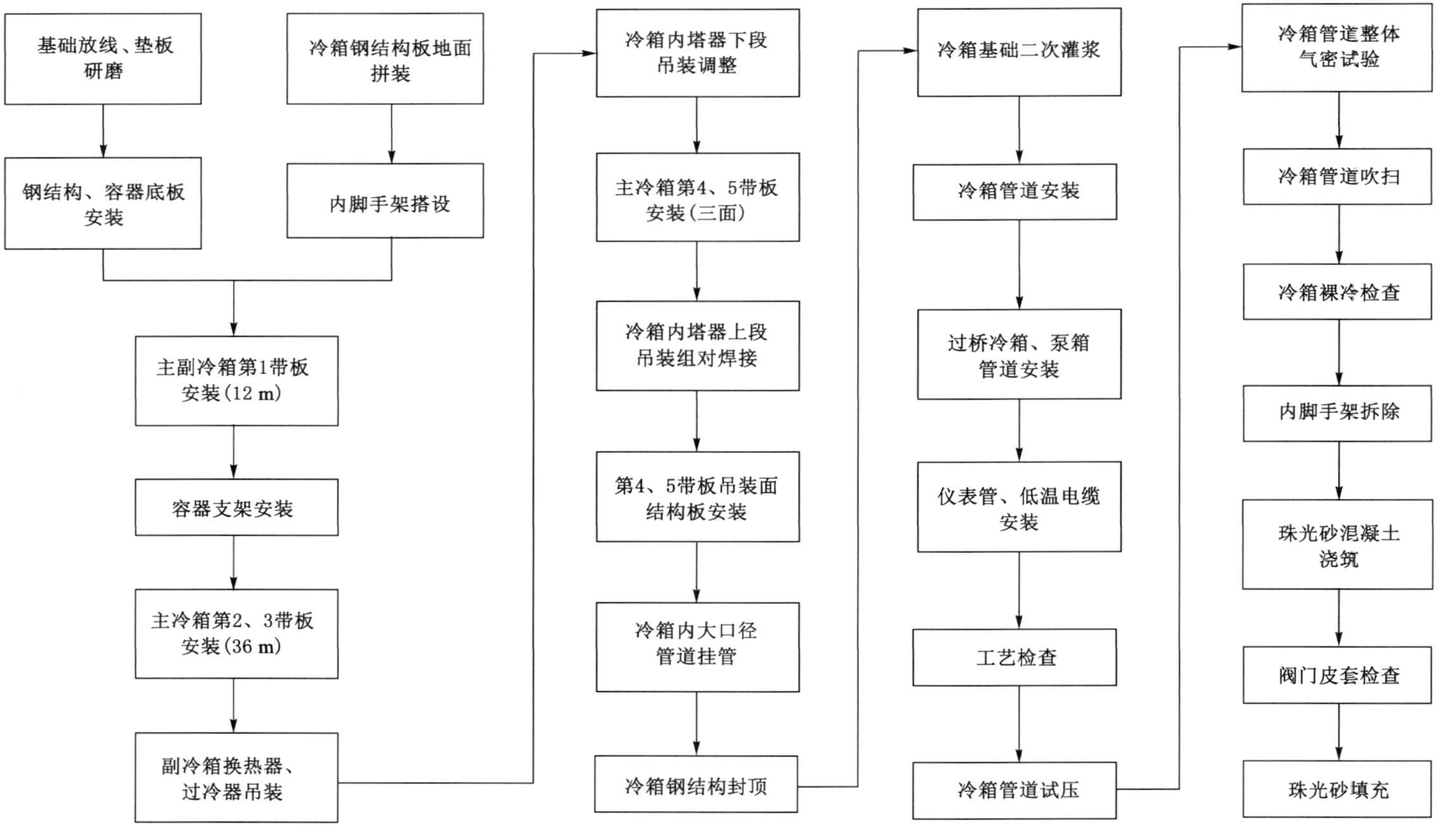

2. 整体冷箱施工工艺流程

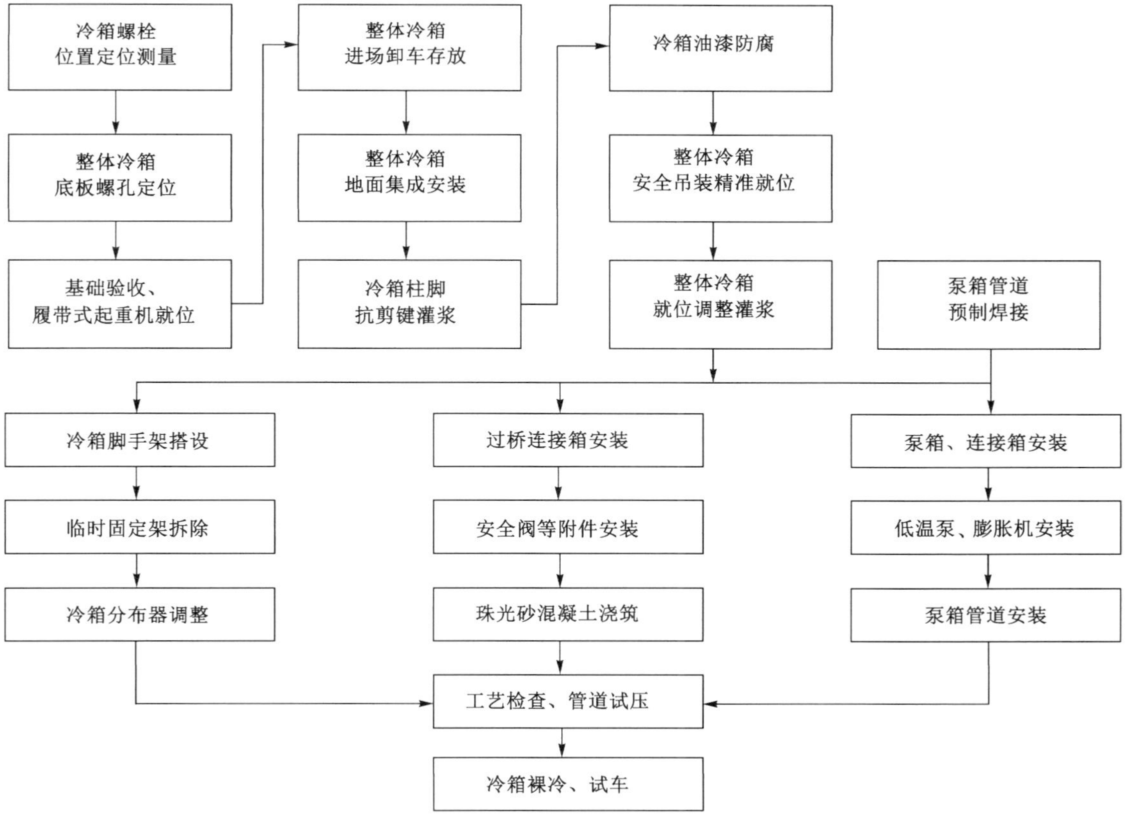

（三）制氧工程专项施工方案清单

序号	方案名称	是否需要专家论证	涉及部位	备注
1	临时用电组织设计方案	否	全场	
2	基坑支护、降水及土方开挖专项施工方案	是	冷箱基础、压缩机机组基础、埋地管道、循环冷却水基础	局部可能需要专家论证
3	模板工程及支撑系统专项施工方案	是	冷却塔、电气室、膨胀机机房、压缩机和低温液体储槽基础顶板	
4	脚手架工程专项施工方案	是	冷箱、分子筛吸附器等	冷箱内脚手架需要专家论证
5	卸料平台专项施工方案	否	电气室	
6	钢结构安装专项施工方案	否	冷箱、压缩机厂房、管廊	
7	履带式起重机安装专项施工方案	是	150 t、300 t、400 t、500 t、750 t、1 250 t履带式起重机等	
8	大型设备吊装专项施工方案	是	冷箱、真空储槽、压缩机、汽轮机、液化装置等	
9	低温液体储槽安装专项施工方案	是	液氮、液氧、液氩储槽	
10	起重机械安装专项施工方案	否	压缩机厂房内桥式起重机	
11	压力管道安装专项施工方案	否	全场压力管道	
12	吊篮施工专项施工方案	否	冷箱	
13	受限空间作业专项施工方案	否	冷箱及分子筛吸附器内	

二、制氧工程常见风险及管控措施

（一）地基处理

序号	风险点	风险分析	管控措施	相关图例
1	PHC（预应力高强混凝土）管桩施工	打桩施工方法选择不当和基坑开挖施工方法选择不当造成预制管桩倾斜断裂，导致人员和机械伤害	(1) 合理选择基坑开挖施工方法。 (2) 深基坑一定要分层开挖，每层挖土的厚度不应超过 1.5 m，层与层之间留出一定宽度的工作面，并根据土质情况合理放坡，严禁土体滑动。 (3) 深基坑在接近坑底时应采取接力开挖，前边（接近坑底层土）用小挖机，后边用大挖机，这样可减小挖土机械对桩顶土层的挤压作用。 (4) 基坑挖土不深的情况下可用长臂挖机（如 15 m 长）站在远离桩位的位置开挖。挖机和运输车辆距桩位较近时加垫路基板。 (5) 基坑边上不应有重车行走或堆载过大，特别是放坡开挖的无支护基坑。 (6) 合理选择基坑支护措施。基坑支护措施选择时应特别注意基坑外地下水位及是否存在给排水管道，谨防管道年久失修渗漏、基坑外土体富含地下水或基坑边渗流水而引起基坑坍塌	 PHC 管桩施工

续表

序号	风险点	风险分析	管控措施	相关图例
1	PHC管桩施工	挖土方法和堆土不当导致管桩倾斜或桩顶大量位移	(1) 严禁边压桩边开挖。 (2) 开挖宜在基桩全部完成并至少隔 15 d 后进行，挖土宜逐层均匀进行，挖土机不得碰撞桩体，桩周土体高差不宜超过 1 m。 (3) 注意保持基坑围护结构或边坡土体的稳定；基坑顶部周边不得堆土或堆放其他重物等	 深基坑土方开挖
2	冲孔灌注桩施工	松散地层泵量过大，孔壁坍塌等造成冲孔灌注桩倾倒	(1) 灌注混凝土桩时，施工人员要分工明确，统一指挥，做到快捷、连续施工，以防事故的发生。 (2) 灌注混凝土时，漏斗及吊具、吊环均要稳固可靠。泵送混凝土时，管道支撑要确保牢固并搭设专用支架，严禁捆绑在其他支架上，管道上不准悬挂重物。 (3) 护筒周围不宜站人，防止不慎跌入孔中。 (4) 导管安装对接时必须注意手的位置，防止手被导管夹伤。 (5) 灌注混凝土过程中，混凝土搅拌运输车倒车时，指挥员必须站在司机能够看到的固定位置，防止指挥员走动过程中摔倒而发生机械伤人事故。混凝土搅拌运输车倒车过程中，车后不得有人。 (6) 导管提升后继续灌注混凝土前，必须检查其是否垫稳或挂牢。 (7) 泥浆池、桩孔周边必须安装警示灯，拉设警戒线，设安全警示标志。 (8) 场内要设泥浆池，泥渣要及时用车运走。灌注混凝土期间，泥浆要及时回收，不得把泥浆排放在路面上或污水管道内	 冲孔灌注桩施工

（二）土建基础施工

序号	风险点	风险分析	管控措施	相关图例
1	基坑支护	基坑土体纵向滑坡	（1）严控基坑开挖坡度，采取有针对性的降水措施，保证降水效果。 （2）暴雨前边坡铺设塑料膜，坡脚设置大功率水泵抽水。 （3）停工较长时间，在平台、基坑边和坡脚设置排水明沟和积水坑。 （4）坡顶严禁堆载，且不允许设置便道。 （5）紧贴基坑四周设置挡水墙	
		基坑支撑失稳	（1）支撑失稳前提前采取加固或者补撑措施。 （2）分析检测数据有无异常。 （3）严把材料关，杜绝缺陷支撑材料进场。 （4）及时检查传感器，并采用特殊措施保护。 （5）根据立柱桩沉降情况及时调整支撑	 基坑支护
		基坑坑底隆起及突涌	（1）基坑周边防止超载，地基加固、井点降水等措施严格按要求施工。 （2）开挖前对围护结构可能渗漏部位做处理，加强基坑坑底隆起监测，分析数据有无异常。 （3）合理布设井点，为防止井点损坏，布设一定数量的预备井点。 （4）开挖过程中，加强承压水水位观测和控制	

续表

序号	风险点	风险分析	管控措施	相关图例
1	基坑支护	基坑开挖周边沉降过大,影响周边建筑及管线安全	(1) 对影响范围内的建筑进行必要的预加固。 (2) 超前探挖,减小风险的产生。 (3) 分层开挖,及时支撑,快速封闭。 (4) 加强对周边建筑及管线的监测,密切关注围护变形情况。 (5) 对存在安全隐患的地下连续墙接缝背后注浆加固,开挖后立即进行封堵处理。 (6) 支撑与围护体系可靠连接,减少失稳风险	
2	基坑降水施工	基坑渗水	(1) 当含水层中的残留水沿槽壁渗出时,可在渗出点的桩间土部位插盲管导流,并在槽底设盲沟集水至集水井,再将集水抽排至地面。 (2) 当基坑开挖遇到突然出现的不明来水时,应立即停止开挖,做引流回填,避免因出水带出地层颗粒形成地层扰动而坍塌,并及时查明水源情况,采取寻源断流措施。 (3) 对出水范围内的基坑壁,必须采用特殊加固措施,如小导管注浆、局部土钉补强等,稳定后再继续下一步开挖	 基坑降水施工

续表

序号	风险点	风险分析	管控措施	相关图例
3	土方开挖	基坑坍塌	(1) 弃土堆高不大于 1.5 m。 (2) 一般土质条件下弃土堆底至基坑顶边距离不小于 1.2 m，垂直坑壁边坡条件下弃土堆底至基坑顶边距离不小于 3.0 m。 (3) 软土场地的基坑边不应堆土。 (4) 坑边如需堆放材料、机械，必须经计算确定放坡系数，必要时采取支护措施。 (5) 坑、沟与建筑物应保持足够的安全距离，按规定不小于 1.5 m。 (6) 注意监测支护结构变形、坑外地面沉降或坑底隆起变形、地下水水位变化，以及塔式起重机基础、周边建筑物及道路和地下管线等设施沉降及变形，发现隐患及时报告和处理。 (7) 加强对土体及周边的定期监控，做好记录，及时分析，发现异常，立即停工采取措施。 (8) 挖土区域设警戒线，各种机械、车辆严禁在开挖的基础边缘 2.0 m 内停放、行驶。 (9) 明确基坑排水设施、堆物离坑边距离、支护措施、安全边坡及深基坑施工防止邻近建筑物沉降的具体要求和措施，并在施工中加强监督、检查	 土方开挖

续表

序号	风险点	风险分析	管控措施	相关图例
4	模板工程及支撑系统施工	坍塌	(1) 设计模板工程及支撑系统时按有关要求进行验算，保证其具有足够的强度、刚度和稳定性，能可靠地承受施工过程中可能产生的各项荷载。验算模板及其支架的刚度时，其最大变形不得超过《混凝土结构工程施工质量验收规范》(GB 50204—2015)的允许值。 (2) 高大模板支撑系统应按立杆平面分布布置监测点。 (3) 搭设场地必须平整坚实，排水良好，具有足够承载力。 (4) 现场搭设模板时，对支撑系统的强度、刚度和稳定性等有显著影响的承载构件、连接件的尺寸和间距必须进行严格控制。 (5) 现场搭设模板时，必须按要求在立杆底部设置底座或钢垫板。每搭完一步架后，应立即检查并调整立杆的垂直度、扣件的扭力矩，防止因立杆倾斜过大造成支撑系统失稳。 (6) 模板工程及支撑系统安装时，必须严格按照要求设置纵横水平拉杆、扫地杆、剪刀撑，防止由于整体刚度不足和失稳造成坍塌事故。 (7) 主梁模板支撑系统立杆的纵向水平杆应紧贴到已浇筑好的混凝土柱上，主梁模板下两侧支撑系统立杆的纵向水平杆，应按每步距与混凝土柱交接处成井字形箍牢“抱柱”，以增强支撑系统的整体稳定性。 (8) 模板工程及支撑系统安装完毕经验收确认符合要求后才能进行混凝土浇筑	 模板工程及支撑系统施工

续表

序号	风险点	风险分析	管控措施	相关图例
4	模板及支撑系统施工	高处坠落	(1)脚手架材质必须符合国家标准,钢管脚手架的杆件连接必须使用合格的扣件。 (2)结构脚手架立杆间距不得大于 1.5 m,大横杆间距不得大于 1.2 m,小横杆间距不得大于 1.0 m。脚手架必须按楼层与结构拉结牢固,拉结点垂直距离不得超过 4.0 m,水平距离不得超过 6.0 m。拉结所用材料的强度不得低于双股 8 号铝丝的强度,高大架子不得使用柔性材料拉结。在拉结点处设可靠支撑,脚手架的操作面必须满铺脚手板,离墙面不得大于 20 cm,不得有空隙和探头板、飞跳板。脚手板下层应设水平网,操作面外侧应设两道防护栏杆和一道挡脚板或设一道防护栏杆,立挂安全网,下口封严,防护高度为 1.2 m,严禁用竹笆做脚手板。 (3)脚手架必须保证整体不变形。 (4)预留洞口应预埋通长钢筋网,或加固定盖板,1.5 m×1.5 m以上的洞口四周必须设两道防护栏杆,中间支挂水平安全网。楼梯踏步及休息平台处,必须设两道牢固防护栏杆或用立挂安全网防护。 (5)临边施工区域,对人或物构成危险的地方必须支搭防护棚,确保人或物的安全。高处作业使用的铁凳、木凳间需搭设脚手板的,间距不得大于 2.0 m。高处作业严禁投扔物料。 (6)高处作业人员必须持证上岗,并接受安全教育、安全交底。高处作业人员必须系安全带,在施工时按作业环境做好防滑、防坠落安全技术措施	 高大模板支撑系统

续表

序号	风险点	风险分析	管控措施	相关图例
5	混凝土浇筑	高处坠落	(1) 浇筑梁、柱、挑檐、阳台、雨篷等构件时，应搭设临时工作平台，确保有可靠立足点。 (2) 浇筑混凝土的人员不得直接站在模板、支撑、墙体上作业。 (3) 临边作业时，作业人员应挂安全绳，并做到高挂低用。 (4) 在预留洞口附近作业时，应对预留洞口做安全防护措施。 (5) 夜间作业时，作业区域要保证照明充足	 混凝土浇筑
		机械伤害	(1) 机械操作人员应经过培训后上岗，熟悉所使用机械设备的构造、性能和用途，并掌握有关使用、维护和保养的安全操作知识。 (2) 混凝土浇筑作业时，作业人员应分工明确，并由专人统一指挥。 (3) 混凝土搅拌机运转过程中，料斗下面严禁站人	
		触电	(1) 使用振动器的作业人员，应穿戴胶鞋、绝缘手套。 (2) 振动器的开关箱应带有漏电保护装置，且电源线严禁直接挂在钢筋上。 (3) 用绳拉平板振动器时，拉绳要求干燥绝缘，且平板振动器与平板保持紧固，电源线固定在平板上。 (4) 振动器作业前，检查电源线有无破损漏电，漏电保护装置是否灵敏可靠，机具各部件连接是否紧固等	

（三）钢结构施工

序号	风险点	风险分析	管控措施	相关图例
1	钢结构现场制作	作业人员不按操作要求作业或无证操作；临时用电及切割用的气体无安全防护措施	(1) 进入施工现场的作业人员和管理人员均应穿戴好劳动防护用品，按有关要求操作。 (2) 对作业人员进行安全教育与培训，特种作业人员必须持证上岗。 (3) 装配组装胎架、焊接胎架、各种搁置架等，均应距地面 0.4～1.2 m。 (4) 构件的堆放、搁置应稳固，必要时应设置支撑或定位。构件堆垛不得超过两层。 (5) 索具、吊具要定时检查，不得超过额定荷载。正常磨损的钢丝绳应按有关规定更换。 (6) 所有钢结构制作中各种胎具的制造和安装，均应进行强度计算，不能仅凭经验估算。 (7) 制作过程中所使用的氧气、乙炔、丙烷和电源等必须有安全防护措施，并定期检测泄漏和接地情况。 (8) 构件移动时，移动区域内不得有人滞留和通过。 (9) 制作场地的安全通道必须畅通	 钢结构现场制作

续表

序号	风险点	风险分析	管控措施	相关图例
2	钢结构倒运	超长构件运输过程中容易发生变形；超高、超长、超宽构件运输过程中容易发生碰撞	(1) 根据现场安装顺序及堆放条件，选择合理的构件运输顺序。 (2) 根据构件长度、高度、宽度、质量，以及运输路线，选用合适的运输车辆，编制合理的运输方案。 (3) 超高、超长、超宽构件运输时，严格按照方案执行，并设置专人负责警戒，专人负责指挥车辆。 (4) 构件在运输车上要用木方垫平，超长、超宽构件要设标志，构件在运输车上的支点、两端伸出的长度及绑扎方法均应保证构件不产生永久变形、不损伤油漆涂层	 钢结构倒运
3	钢结构卸车	吊装时构件掉落；构件堆放过高时易发生变形、坍塌	(1) 卸车作业时，严防构件掉落伤人，严格按照指挥人员的指令作业。 (2) 吊装散装构件时，必须捆绑牢固，并保持平衡后，方可起吊。 (3) 构件堆放场地应平整、坚实且干燥，无水坑、冰层，并排水通畅，同时有车辆进出回路。 (4) 构件应按种类、型号、安装顺序分区域堆放，插竖向标志牌。构件底层垫块应有足够的支承面，构件堆放高度应满足地基承载力要求，不得随意堆高。 (5) 已堆放好的构件要做好警示维护，并派专人管理，严禁乱翻、乱移；同时进行成品保护，保证构件质量	 钢结构卸车

续表

序号	风险点	风险分析	管控措施	相关图例
4	钢结构拼装	临时支撑或拼装平台不稳定，构件容易倾倒	(1) 为减少高处作业，构件尽量在地面完成拼装。 (2) 拼装场地应平整、坚实且干燥，无水坑、冰层，并应排水通畅，有较好的排水设施。 (3) 拼装所用的临时支撑或者组装平台应符合相关要求。 (4) 拼装好的构件必须采取可靠的防倾倒措施，必要时可以进行临时焊接	 钢结构拼装

续表

序号	风险点	风险分析	管控措施	相关图例
5	钢结构吊装	吊点设置不合理，容易引起吊机倾覆或构件变形	(1) 根据最重的钢构件的重量、长度等参数选择起吊及捆绑钢丝绳的规格；根据钢构件重心合理设置吊点，选择合适的起重机，并确定好起重机作业位置的地面压实度是否达到要求。 (2) 参与吊装作业的起重机司机、司索人员、信号指挥人员属特种作业人员，都必须持有特种作业操作证方能上岗，并在作业前将名单和相应的特种作业操作证报监理审核。 (3) 吊装作业时应划定危险区域，挂设明显警示标志，并将吊装作业区域封闭，设专人加强安全警戒，防止其他人员进入吊装作业区域。 (4) 在梁柱起吊时要确定合适的吊点。无论构件大小都要进行试吊，使构件离地 2 m 左右，检查各部位有无问题，在确保安全可靠的情况下正式吊装。 (5) 大风和极端天气(如 6 级及以上大风、大雾、极冷、酷热天气)应停止吊装作业。 (6) 吊装作业人员都必须有熟练的钢结构安装经验，起重机司机应熟悉起重机的性能、使用范围、操作步骤，同时应了解钢结构安装程序、安装方法，起重机司机、信号指挥人员和司索人员必须熟知本工程的安全操作规程，在吊装前应相互熟悉指挥信号，包括手势、旗语、哨声等	 钢结构吊装

续表

序号	风险点	风险分析	管控措施	相关图例
6	钢结构高处连接	高处连接容易发生人员高处坠落或物件坠落打击伤害	(1) 高处连接作业时,应在作业位置垂直正下方划定危险区域,挂设明显警示标志,并将该区域封闭,设专人加强安全警戒,防止其他人员进入危险区域。 (2) 进行电焊、高强螺栓连接等连接工序的高处作业时,必须设临边防护及可靠的安全措施。 (3) 高处作业时作业人员必须系挂好安全带,穿防滑鞋,如需在构件上行走时必须预先在构件上挂设安全绳,且安全绳用花篮螺栓拉紧,行走时将安全带扣挂于安全绳上以确保安全。 (4) 作业人员应从规定的通道通行,不得在非规定通道攀爬。 (5) 禁止在高处抛掷任何物件,传递物件用绳拴牢。 (6) 高处作业中的螺杆、螺帽、手动工具、焊条、切割块等必须放在完好的工具袋内,并将工具袋系好固定,不得随意放置,以免发生物件坠落打击伤害	 钢结构高处作业安全网

续表

序号	风险点	风险分析	管控措施	相关图例
7	钢结构焊接	易引发火灾或触电风险	(1) 现场焊接时,要制作专用挡风棚,设置接火盆或在焊接作业下方设备等表面覆盖严密防火毯、防火布,并设专人监火,以防火灾、烫伤等。 (2) 焊接作业场地周围应避免放置易燃易爆物品,下雨时应停止露天焊接作业。 (3) 电焊机外壳必须接地良好,电源应由专业电工进行拆装,并设单独开关,开关应放在防雨闸箱内。焊钳与把线必须绝缘良好,连接牢固,更换焊条时应佩戴手套。 (4) 在潮湿地点焊接时,应站在绝缘板或干燥的木板上。更换场地或移动把线时应切断电源,不得手持把线爬梯登高。 (5) 现场动火作业必须执行审批制度,并明确一、二、三级动火作业手续,落实监火人员。焊工在动用明火时必须随身带好"二证"(焊工特种作业操作证、动火许可证)、"一器"(消防灭火器)和"一监护"(监护人职责交底书)。 (6) 乙炔气瓶、氧气气瓶存放距离不得小于 5 m,距离明火不得小于 10 m。 (7) 施工时应尽量避免交叉作业,如不得不交叉作业时,应避开同一垂直方向作业,否则应设置可靠牢固的安全防护层	 钢结构焊接操作平台
8	钢结构涂装	涂料易燃,易引发火灾	(1) 油漆必须设置专人保管,存放在单独的危险化学品库房中。 (2) 使用后的油漆空桶,应及时回收,统一处理。 (3) 防腐涂装施工所用的材料大多为易燃品,作业人员严禁吸烟或者使用明火	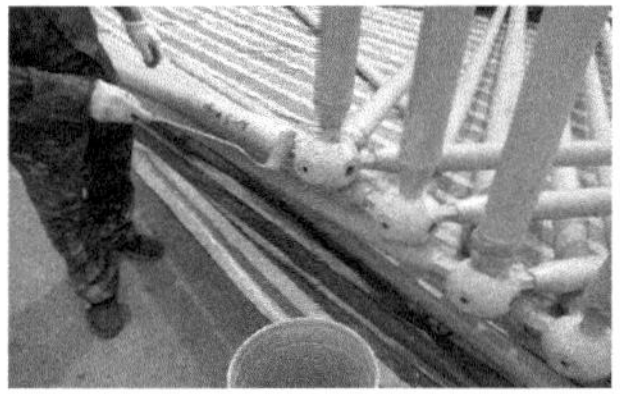 钢结构涂装

（四）机械设备安装

序号	风险点	风险分析	管控措施	相关图例
1	大型设备吊装	超长、超重设备，需要采用双机抬吊就位，同时受场地限制大，吊装风险高	(1) 设备吊装过程严格遵守“十不吊”原则，特种作业人员持证上岗。 (2) 编制大型设备吊装专项施工方案，按照要求完成方案评审及交底。 (3) 核对设备尺寸质量、吊耳位置、起重机械选型站位、吊索具规格尺寸，同时按照方案要求进行路面换填并验收确认，逐一检查吊索具。 (4) 吊装前组织相关方进行大型设备联合检查，对起重机械工况、吊索具规格型号、路基处理、障碍物清理等进行确认，并签字留档。 (5) 建立吊装指挥体系，明确分工责任，统一吊装指令。 (6) 吊装前一周开始监测天气变化情况，注意每天起风时间和风向变化规律，选择适合吊装的时间段进行吊装作业。 (7) 大型设备应先进行试吊，试吊阶段核查主吊、尾吊荷载分布是否与方案一致。双机抬吊过程应缓慢平稳，并采用单机小幅度动作，严禁主吊、尾吊同时进行回转和变幅。 (8) 在吊装过程中，对起重机械站位和行走区域路基沉降变化，以及配重架活动状态进行专人监护。 (9) 设备就位时，应在地脚螺栓上方 50 mm 处停止下降，检查底板螺孔对应情况，对影响设备就位的地脚螺栓校正(或底板重新开孔)后，在作业人员的配合下缓慢下落，避免发生设备倾斜或损坏地脚螺栓的情况。 (10) 设备就位后，进行初步调整找正，确定地脚螺栓紧固后，方可松钩，取下吊索具	  大型设备吊装

续表

序号	风险点	风险分析	管控措施	相关图例
2	大型起重机械安装	起重机械吨位大(350～1 600 t)，臂长超 90 m，安装危险性高	(1) 履带式起重机安装过程严格遵守“十不吊”原则，作业人员持证上岗。 (2) 编制履带式起重机安装专项施工方案，明确各组件尺寸质量、安装场地需求，选定安装辅助机械规格，并按照要求完成方案评审及交底。 (3) 安装区域应选择坚实、水平和均匀支承的地面，其承载力大小应能够容纳起重机主机和选用的臂架系统、带拖车卡车的移动，以及辅助起重机的移动。 (4) 大型设备安装应由受过起重机操作培训的专业队伍、专业人员进行，起重机司机全程参与安拆过程，安装完成后进行检测，验收合格登记后方可使用。 (5) 臂杆扳起过程中各部位做好分工，每次动作前应确定各部位均准备就绪后方可指挥司机操作，且起重臂下方严禁站人。 (6) 当安装起重机时，任何人都不允许站在有夹紧处和剪断处的附近，以防受到不必要的伤害。在安装步骤完成之前，工作人员不得进入悬挂荷载可能坠落的区域，或是在悬挂荷载的下面行走。 (7) 安装销子通常都是在组装臂架的过程中，将销子从外往里敲，只有将部件上的销子都敲入后，才能安装别针销。在拧下螺栓和拆除销子之前，必须检查这是否会造成意外的零件掉落或折叠动作	 大型起重机械安装

续表

序号	风险点	风险分析	管控措施	相关图例
3	冷箱钢结构安装	冷箱板最大安装高度超过 60 m，吊装迎风面大，高处拼装危险性高	(1) 编制冷箱板安装方案，综合考虑安装难度，确定冷箱板拼装尺寸，并依据有关要求选择吊耳、吊索具规格。 (2) 冷箱板迎风面大，吊装前关注天气和风向变化，选择合适的吊装时段；吊装时在冷箱板两边下面设置溜绳，控制冷箱板旋转方向，避免冷箱板在风力作用下产生大的晃动。 (3) 冷箱板起吊过程中吊耳受弯矩很大，为防止冲击力造成吊耳断裂，起吊时，用另外的钢丝绳绑扎冷箱板斜撑梁辅助起吊。 (4) 中上部冷箱板吊装时，设两个吊装指挥员，一上一下保证信号及时传递。同时在下部冷箱板上设挡板(角钢)，防止吊装过程中突刮阵风，使高处作业人员面临危险。 (5) 为保证塔器吊装，需预留上部冷箱板的一面暂不安装，为保证箱体稳定性，需在预留吊装面两侧的冷箱板上设置临时横向拉杆，塔器吊装时拆除。 (6) 正式吊装时，冷箱板要超低空贴地缓慢迂回到就位位置，然后缓慢上升到安装高度，第一块冷箱板就位后用缆风绳及型钢焊接稳定，设置人字爬梯摘钩，第二、三块冷箱板就位固定后拆除缆风绳，完成第四块冷箱板就位。尽可能在短时间内将冷箱板形成一个整体，避免单片钢结构受力。 (7) 吊装过程中严禁其他人员靠近，并安排专人监控冷箱板变形情况	 冷箱钢结构安装

续表

序号	风险点	风险分析	管控措施	相关图例
4	冷箱内管道安装	冷箱内属于受限空间，交叉作业严重	(1) 冷箱内管道安装时，应严格遵守受限空间管理规定，办理各类作业证，并实施"挂牌＋门禁"制，动态监控进入冷箱的人员情况。 (2) 进入冷箱作业前，启动冷箱底部轴流风机进行机械通风，确保氧气浓度在安全范围(19.5%～23.0%)时再进入，同时作业过程中实时监测冷箱内氧气浓度，如氧气浓度不在安全范围时，声光报警器自动启动并连锁启动风机对冷箱内通风，确保冷箱内所有人员安全撤离。 (3) 具备条件的单位，可实施冷箱内人员定位管控。在作业人员安全帽或工作服上粘贴电子芯片，通过手机 App 实时监控作业人员位置、数量等信息，并互联门禁实现动态比对。 (4) 冷箱内高处焊接、切割等作业时，固定好自身的施工工具，严禁将焊条和焊丝直接从高处扔下，交叉作业时，互相提醒，避免出现砸伤、烫伤。 (5) 进入冷箱或切除塔器设备封头时，需确认塔器内密封氮气已经放净，每组作业人员必须携带至少一个测氧仪。 (6) 借助冷箱内管道模型，对冷箱内管道安装进行可视化交底，合理规划预制管段，将固定焊口尽量留在方便焊接的位置，并减少返工。 (7) 采用倒链、卷扬机吊装管道时，密切观察周围管道、脚手架的干涉情况，尽量避免交叉作业；卷扬机吊装需编制专项施工方案并经过审批，定期检查卷扬机钢丝绳磨损程度，操作人员持证上岗。 (8) 管道安装人员需将临时平台搭设要求告知脚手架作业人员，待脚手架搭设完成并经过验收后方可进行安装作业。 (9) 管道焊接用充氩气管需定期进行检查；泵箱、连接箱等狭小空间内进行充氩气焊接时，需打开人孔保证空气流通。 (10) 管道安装使用吊装带，严禁使用钢丝绳	 冷箱内管道安装

续表

序号	风险点	风险分析	管控措施	相关图例
5	冷箱内脚手架搭设	受限空间作业，脚手架高度超 60 m，搭设危险性高	(1) 编制冷箱内脚手架专项搭设方案，并按照要求组织审批。冷箱内作业属于受限空间作业，冷箱人孔处应安排专人监护并做好出入登记。 (2) 冷箱内脚手架小横杆应与冷箱板梁柱可靠焊接，钢管尺寸、间距满足相关要求，验收合格后，随冷箱板吊装就位。 (3) 根据冷箱内容器和管道安装需要，在完成冷箱板合拢固定后，需对焊接式单排脚手架进行扩展，冷箱中下部脚手架采用落地式脚手架，落地式脚手架与焊接式单排脚手架的立杆和大横杆连接固定，组成一个脚手架群。 (4) 脚手架搭设过程中若杆件尚未绑稳扣紧或绑扣已拆开、松动时严禁中途停止作业。验收合格后的架体，挂牌后才能使用。 (5) 架子工上岗应将袖口扣紧，不得穿硬底鞋或拖鞋及其他易滑鞋。脚手架搭设、吊装材料倒运过程中应做好冷箱内成品保护，严禁物料及工具掉落或材料倒运碰撞损害冷箱内管道、容器及仪表管路。一旦发现有物品掉落，做好记录，脚手架人员撤离后安排工艺人员对掉落区域的塔器、管道进行检查	 冷箱内脚手架搭设
6	冷箱结构涂装	冷箱高度超过 60 m，涂装作业通常采用吊篮，危险性高	(1) 编制吊篮施工专项施工方案，并检查吊篮合格证。 (2) 按照要求设置防坠器，并定期组织检查。 (3) 作业人员定期体检，持高处作业证，并严格限制工作时间。 (4) 作业人员规范佩戴安全带及防护面罩，并购买保险。 (5) 冷箱底部设置警戒区，安排专人监护。 (6) 油漆桶、滚筒等物品绑扎牢固，防止掉落伤人	 冷箱结构涂装

续表

序号	风险点	风险分析	管控措施	相关图例
7	低温液体储槽安装	低温液体储槽高度超过 20 m,筒体直径为 18 m,质量超过 100 t,采用倒装法施工,危险性高	(1) 低温液体储槽内外筒壁板均采用倒装法安装,为确保桅杆的稳定性,在吊装外筒时,每根桅杆用钢管做斜支撑,相邻桅杆顶部用钢管连接,使整个桅杆连成一个整体;在吊装内筒时,每根桅杆用钢管与外筒壁板连接,以保证桅杆的稳定性。桅杆安装时,其下部用 4 块挡板焊接在外筒底板上,防止桅杆滑移。 (2) 安装手拉葫芦前要逐个检查,不得存在卡涩、裂纹,安装时不得使吊钩歪扭。为保证手拉葫芦受力均匀,在筒体提升前,应在筒体上画上刻度标尺,筒体提升过程由专人指挥,同时拉动葫芦,每拉升 300 mm 测量一次,防止筒体倾斜。手拉葫芦如需暂停工作或将工件悬吊空中时,应将拉链封好。大风时段,严禁提升筒体。 (3) 筒体壁板较薄,宜在内筒和吊耳之间焊接不锈钢垫板,垫板与内筒、吊耳与垫板之间焊接的焊缝,以及吊装用的胀圈应保证足够的强度。 (4) 低温液体储槽作业属于受限空间作业,应配备足够的照明,筒体及底板采取可靠接地措施,每天作业前检查临时线路,避免漏电事故发生。筒体顶部人孔打开,底部人孔处设置风机强制通风,每组作业人员至少配备一个测氧仪。 (5) 筒体焊缝脱脂剂为挥发性有毒物质,焊缝脱脂时佩戴防护面罩,脱脂后,强制通风 2 h 后方可继续进入筒体内作业。 (6) 顶板及夹层管道安装时,应规范穿戴劳动防护用品,规范使用安全带,避免被筒体壁板角部刺伤	 低温液体储槽安装

续表

序号	风险点	风险分析	管控措施	相关图例
8	低温液体储槽试压	低温液体储槽容积大，高度超过 20 m，气液两相试压时危险性高	(1) 编制专项试压方案，安排有相关经验的作业人员配合试压，并对试压过程进行详细交底。 (2) 严格按照方案要求设置内外筒体沉降观测点，并在外筒沿楼梯设置 U 形测量管，标注 1/2 液位线、最高液位线、强度液位线、气密液位线、真空试验液位线等，同时安排专人监测液位，严禁超压。 (3) 内筒进水过程严格执行方案要求的进水速度和观测时间，一旦发现沉降超限，立即停止进水；需要夜间进水时，安排专人值守。 (4) 强度试验宜采用压缩空气，当采用氮气时，在进行查漏及进入夹层观测沉降时，先用测氧仪检测。进气阀操作人员与液位观测人员保持信息畅通，严禁超压。 (5) 进行真空试验时，应缓慢打开内筒底部排水阀，缓慢向外排水，排水阀操作人员与液位观测人员保持信息畅通，避免筒体挤压变形。 (6) 筒体试验过程中，由技术人员统一指挥，所有阀门悬挂开关禁动标志，并指定专人负责阀门开关。 (7) 筒体试验结束后，进行内筒排水前，应先打开内外筒顶部人孔和排气阀，并保证呼吸阀投用；放水时，缓慢打开底部排水阀，防止排水过快造成内筒负压变形。 (8) 随着内筒液位逐步降低，内筒清洗采用皮划艇进行。清洗前，确保筒体内空气流通，清洗人员穿戴救生衣和防护面罩，并配备测氧仪。筒内操作人员的安全带必须挂在爬梯上，人孔处安排专人监护	 低温液体储槽试压

续表

序号	风险点	风险分析	管控措施	相关图例
9	空水冷塔、分子筛填料安装	筒体高度近 30 m，塔内件及填料安装属于受限空间作业，危险性高	(1) 在进行塔内件及填料安装前，提前 2 d 打开筒体所有人孔进行通风。作业人员进入筒体前，先用测氧仪检测，安装过程中，全程携带测氧仪，塔内件安装时采用风机从底部人孔强制通风。 (2) 高温天气，不宜安排筒体内作业，可在配备照明后进行夜间施工。筒内作业人员随身准备防暑降温药品，携带对讲机，并安排专人监护。 (3) 分子筛顶部设置防坠器，安排有经验的人员从顶部人孔采用软爬梯进入分子筛内作业，上下人员规范佩戴安全带，并检查身上物件牢固无掉落风险。 (4) 在塔内件及填料安装前，确保筒体连接管道阀门隔断，无进气进水危险；施工过程中，人孔保持打开，并挂安全警示标牌。 (5) 进行鲍尔环和分子筛填料安装时，设置警戒区，无关人员严禁进入，防止填料掉落伤人；汽车式起重机活动范围内确认无障碍物，转杆起吊变幅平稳，防止填料摆动碰撞筒体或填料安装人员。 (6) 填料安装完成后，及时组织检查验收，封闭人孔	 空水冷塔、分子筛填料安装

（五）管道安装

序号	风险点	风险分析	管控措施	相关图例
1	大口径厚壁管道内部焊接	大口径厚壁管道内部焊接属受限空间作业，易导致窒息、触电	(1) 在受限空间作业时，必须办理受限空间安全作业证，并应在受限空间外设有专人监护和警示标志。进入受限空间前，监护人应会同作业人员检查安全措施，统一联系信号。在风险较大的受限空间作业时，应增设监护人员，并随时与受限空间作业人员保持联络。监护人员不得脱离岗位，并应掌握受限空间作业人员的人数和身份，对人员和工(器)具进行清点。 (2) 受限空间出入口应保持畅通，并配置气体检测仪，定时检查。 (3) 多工种、多层交叉作业应采取相互之间避免伤害的措施。 (4) 作业人员不得携带与作业无关的物品进入受限空间，作业中不得抛掷材料、工(器)具等物品。 (5) 受限空间照明电压应不大于 24 V，在潮湿容器、狭小容器内作业电压应不大于 12 V，并使用隔离变压器。 (6) 使用超过安全电压的手持电动工具作业或进行电焊作业时，应配备漏电保护器。在潮湿容器中，作业人员应站在绝缘板上，同时保证金属容器接地可靠	 受限空间焊接

续表

序号	风险点	风险分析	管控措施	相关图例
2	超重预制管道高处吊装	超重预制管道高处吊装坠落；人员高空作业失稳坠落	(1) 检查起重机站位处地基有无沉降，吊装用的钢丝绳有无断丝，确保起重器具完全安全可靠。 (2) 管道吊装时钢丝绳和卡扣要绑扎牢固，防止脱落。 (3) 管道吊装期间吊装区域应设置警戒线，严禁人员进入。 (4) 设一名安全监督员，负责监视吊装现场高处和地下的活动情况。 (5) 高处吊装部位人员须系好安全带，站立平台需有足够空间，管道对接平台需稳固可靠。 (6) 管道吊装组对作业需缓慢进行，确保人员安全	 超重预制管道高处吊装

续表

序号	风险点	风险分析	管控措施	相关图例
3	涉氧管道安装	清洗液伤人;液体飞溅、气体吸入等对身体的伤害;环境污染,盛装器材损坏,废液外流渗透地面	(1) 涉氧管道必须清除所有可能掉落的杂物,如碎屑、铁锈、焊渣及喷砂残留物,以及所有的油、脂及溶剂。 (2) 涉氧管道要避免接触沾有油脂的抹布或沾有油污的手指,同时作业人员不要穿沾有油脂的衣物。 (3) 涉氧管道内壁应进行全面的脱脂清理和检查,采用浸泡、吹扫、清洗、喷雾或擦拭等方式,确保管道内壁清洁度。 (4) 不要使用三氯乙烯清洗铝和铝的合金,避免发生爆炸反应。 (5) 在使用、处理或清理化学物品时,要佩戴耐化学物品腐蚀的防护用具,如面部保护罩、面罩、围裙、衣服、手套和靴子等,防止接触。 (6) 涉氧管道焊接必须采用氩弧焊打底,确保管道内部清洁度。 (7) 阀门、垫片安装前需全数检查,确保无油脂,并在安装前利用脱脂剂进行脱脂处理。 (8) 管道安装间歇期间需及时用塑料布做好封口,防止杂物进入	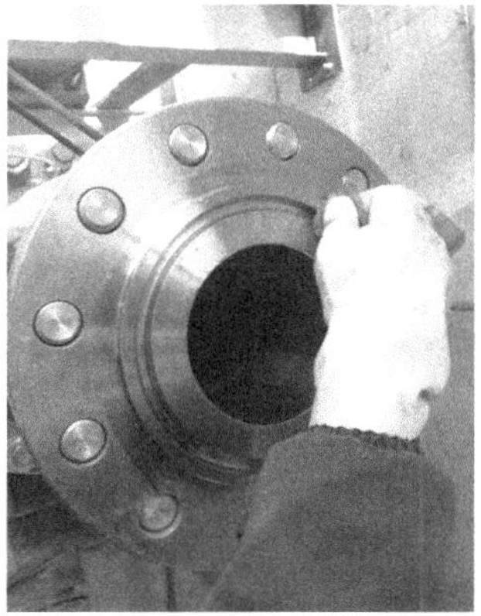 涉氧管道安装前脱脂处理

续表

序号	风险点	风险分析	管控措施	相关图例
4	低温管道安装	真空管道安装不牢存在低温液体泄漏风险；低温管道限位支架偏差使管道运行存在安全隐患	(1) 真空管道安装前做好内部清洁度检查，确保无油。 (2) 法兰连接的真空管道需在安装完成后对各处螺栓紧固情况进行检查，并在投产后进行冷紧，防止漏液。 (3) 真空管道各连接处需用保温材料填塞密实，防止结冰。 (4) 冷箱内低温管道安装需认真测量限位支架各方向预留间隙，确保符合设计要求。 (5) 管道焊接后需进行100%无损检测，确保焊接质量。 (6) 塔内低温管道安装需办理受限空间安全作业证，并做好各项防护措施	 低温管道限位支架安装

续表

序号	风险点	风险分析	管控措施	相关图例
5	管道高处焊接	高处坠物；交叉作业风险	(1) 所有焊工要经过考试，取得相应的证书后方可上岗。 (2) 焊接前要办理动火证，焊接作业必须有监火人现场监督。 (3) 高处焊接现场需设置醒目的警示标志并进行隔离，动火场所需配备灭火器。 (4) 焊接用焊机或气瓶应放置在地面，焊机电缆及气管应与高处作业平台绑扎固定牢固。 (5) 焊接时，应对周围的设备、材料等做临时围护，焊工必须佩戴齐全劳动防护用品。闪光对焊时，必须搭设对焊棚。 (6) 氧气瓶、乙炔瓶在使用时不能放在一起，两者之间的距离至少 8 m。在不使用时，气瓶应保持竖放、固定好和封好盖子，并在气瓶外部套橡胶套，以防止震动。 (7) 氧气瓶和乙炔瓶必须符合国家标准。 (8) 焊工上岗时必须带灭火器，并熟悉灭火器的使用。 (9) 高处作业的工具、材料等要稳妥放置，使用的工具要系安全绳，用后放入工具袋内，并严禁上下抛掷物件以防止高处坠物砸伤他人。 (10) 管道焊接存在与管道吊装交叉作业的风险，需派专人现场监护	 管道高处焊接

续表

序号	风险点	风险分析	管控措施	相关图例
6	高温高压管道试压	超压;伤人;高处坠落	(1)根据施工现场实际,编制完整的试压方案,试压前技术人员需熟悉本方案,并应向施工人员交底,坚持"安全第一,预防为主"的原则。 (2)设立专门的管道试压小组,实行统一指挥,并严格执行专业与区域责任分管制。内部检漏时按区域划分给每个检查小组,每个检查小组由两人组成,其中一人为监护人,监护人需监护作业过程。 (3)高处检漏作业一定要按安全操作规程搭设安全操作平台,正确穿戴劳动防护用品,还要系好安全带,以及做到"三不伤害"(不伤害自己、不伤害他人、不被别人伤害)。 (4)在进入塔内检漏时,要事先用测氧仪测量隔箱内氮气的浓度,若测出的数值超出警戒范围则严禁入内,需打隔箱人孔进行空气置换,检查合格后方可进入。检查过程中各小组也需携带测氧仪。 (5)不得带压补漏与紧固螺栓,若遇到有法兰部位或焊缝泄漏之处,必须将管道内的压力卸掉,再进行处理。 (6)试压区域设置警戒区域,悬挂安全警示标牌,并配专人监护,非工作人员严禁在试压期间进入试压区域;在试验压力超过设计压力时,试压人员不得靠近试压区域。 (7)试压期间阀门操作由专人指挥,专人操作,任何人不得擅自操作试压范围内的任何阀门。 (8)试压过程中应避免强烈冲击试压管道;焊缝泄漏处补焊需降至管道内无压力,按正常的返修方法进行修补,严禁在带压的情况下进行修补和敲打。 (9)充气打压时,一定要缓慢升压,升压过程要仔细检查,如发现有异常,马上停止升压,如发现有泄漏现象,一定要泄压以后才能处理。 (10)在卸压排气过程中设专人监护以便及时提醒无关人员远离排放口,排气点尽可能选择在无人区域,排放口要加固牢靠。 (11)管道试压系统复位前必须确保系统内气体已彻底排放完毕,然后拆卸堵板、临时管路,并恢复正式管路	 管道试压现场监测

续表

序号	风险点	风险分析	管控措施	相关图例
7	管道吹扫	管道吹扫泄漏;超压;吹扫物伤人;噪声污染	(1) 吹扫前应严格执行隔离措施,将吹扫管道与其他工艺管道隔离,隔离用的阀门及盲板等列清单现场逐一确认。吹扫前还应对管道稳定性进行检查,按照吹扫方案核对阀门开关状态,检查弹簧支架、伸缩节定位销是否脱开,严格执行上锁挂签制度。 (2) 因现场试车与施工交叉作业,应根据现场实际情况制定措施,将吹扫现场与施工作业区域区分开,并设置相应的警示标志。 (3) 在进行吹扫打靶时,装置安全管理人员必须到场进行安全检查,管道吹扫排放口应用防护栏杆划定人员禁入区域,防止吹扫物伤人。吹扫时,必须向指定的地点排放吹扫物,吹扫物不得污染环境、设备的外表以及减弱设备和管道的保温效果。 (4) 参加吹扫打靶的工作人员必须按规定穿戴好劳动防护用品,高处作业(2 m 以上)时必须系安全带,同时不得正对在吹扫系统法兰、焊口部位,防止吹扫物泄漏伤人。吹扫时,管道上及其附近不得放置易燃物,严防火灾。 (5) 吹扫操作必须注意防滑,应组织相关人员及时清理积水、杂物等,特别是梯子、平台等人员流动较多的地点。高处检查点的架设、跳板必须牢固,在平台外及管廊外侧检查时必须系安全带。 (6) 根据吹扫检查需要,部分吹扫管道未进行保温施工,作业人员在吹扫过程中必须按规定穿戴好劳动防护用品,不得身体接触吹扫管道。 (7) 拆装靶板前需检查靶板安装处管道内压力,并采取多道隔离措施,确认无压后再进行操作。更换靶板时应始终与调试人员保持联系,防止调试人员误操作。每次更换靶板均需办理作业许可证,确保现场具备作业条件,否则严禁作业。 (8) 吹扫作业及附近区域施工人员需佩戴降噪耳塞,避免噪声伤害。 (9) 严格控制好吹扫压力,防止系统超压。 (10) 吹扫结束后进行管道内检查时,提前打开人孔通风,并携带测氧仪进行检查	 吹扫管道末端安装消音器

续表

序号	风险点	风险分析	管控措施	相关图例
8	蒸汽管道吹扫	蒸汽管道不规则膨胀造成管道炸裂；高温蒸汽烫伤；噪声污染等	(1) 成立吹扫小组，指定专人配合吹扫工作。 (2) 做好现场告知，明确吹扫时间、吹扫管道、吹扫口位置等。 (3) 对于即将吹扫的蒸汽管道和设备应设置明显的防烫伤警示标志，管道阀门挂开关标志。 (4) 联合检查蒸汽管道支架安装是否满足设计要求。 (5) 蒸汽主阀、导淋阀严格按照吹扫方案要求进行开关。 (6) 现场人员应配备耳塞，同时考虑吹扫噪声易导致沟通不畅，应暂停协调性强的工作。 (7) 工作人员必须采取防烫伤、烧伤措施，如更换靶板时佩戴防烫手套等。 (8) 吹扫时必须先进行暖管，并通过各处疏水旁通阀充分释放疏水，防止发生水击(水锤)现象，同时派专人巡视整条管道。 (9) 蒸汽管道吹扫时，供汽锅炉必须保证蒸汽压力、温度、流量以满足吹扫要求。 (10) 高压蒸汽管道附近的润滑油管道必须确认无泄漏，否则润滑油泄漏至高压蒸汽管道容易引发火灾	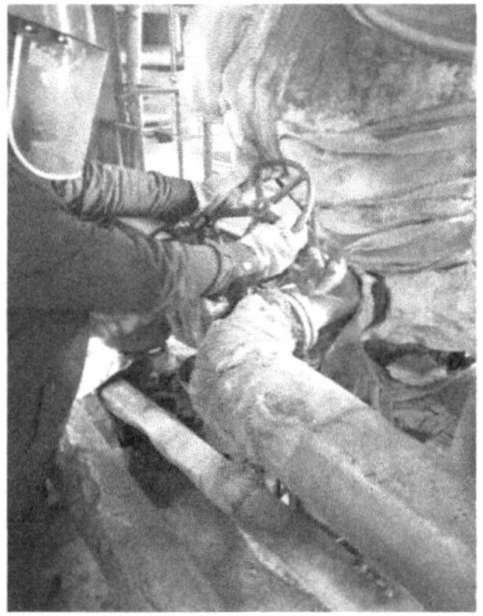 蒸汽管道吹扫时手动操作阀门

（六）电气设备安装

序号	风险点	风险分析	管控措施	相关图例
1	接地、仪表管道焊接	接地焊接、仪表管道焊接等施工用电时，存在触电风险	(1) 施工前，由专业电工对配电箱、焊机等用电设备进行接地、电缆完整性等内容检查，若检查合格，进行书面记录和合格证张贴，若检查不合格，严禁使用或维修合格后再使用。 (2) 所有用电设备做到“一机一闸一漏一箱”，接地良好，开关箱中漏电保护器额定漏电动作电流不得大于 30 mA，额定漏电动作时间不得大于 0.1 s。 (3) 施工过程中，施工人员应办理好动火、用电作业证，穿戴好劳动防护用品（如护目镜、绝缘手套、绝缘鞋等），并由专职安全员和电工检查好用电环境后进行施工	 仪表管道焊接
2	电气仪表支架焊接、切割作业	焊接、切割等动火作业时，存在火灾风险	(1) 动火作业应办理动火手续，并安排好监护人员，同时应做好作业周边易燃易爆物品的清理，配备灭火器材、隔火毯等。 (2) 气瓶与明火之间距离应大于 10 m，氧气瓶与乙炔瓶之间距离应大于 5 m，若距离不能满足安全距离要求时应有隔离防护措施。焊接现场 10 m 范围内，不得堆放油类、木材、氧气瓶、乙炔瓶等易燃易爆物品。 (3) 明确本工程的防火重点部位，在易燃及可燃材料堆场、仓库、易燃废品集中站等部位设标志，并由专人负责，同时将灭火器材所在位置标于平面布置图上	 现场焊接配备灭火器

续表

序号	风险点	风险分析	管控措施	相关图例
3	桥架安装、电缆高处敷设	高处作业危险	(1) 施工人员施工前，由专职安全员和技术员对施工人员做好安全教育和安全技术交底。 (2) 施工人员应进行安全体检，若有恐高症、心脏病等疾病不得进行高处作业。 (3) 安全绳应为直径不小于 12 mm 的镀锌钢丝绳，且使用专用扣件进行紧锁，每根立柱必须单独设置固定挂靠点。 (4) 施工人员安全绳高挂低用，且必须使用五点式安全带，老旧安全带、破损安全带一律不得使用。 (5) 高处作业必须办理高处作业证，并由专职安全员和施工作业班组安全员共同监督管理	 安全绳高挂低用

续表

序号	风险点	风险分析	管控措施	相关图例
4	电气设备吊装	变压器、高压柜等电气设备吊装时，吊装作业起重伤害	(1) 大型机械司机、指挥人员持证上岗，明确、统一吊装指挥信号，建立交接班记录制度，坚持“十不吊”原则。 (2) 吊装方案应通过验收，并对所有参与人员进行安全技术交底。 (3) 在施工机械的危险部位安装防护装置，严禁机械带“病”运转或超负荷作业，违章操作。 (4) 新起重及长期不用的吊挂工具，必须进行检验、试吊，确认安全后方可使用。 (5) 作业时，必须正确选择吊点，合理穿挂索具、试吊，除指挥及挂钩人员外，严禁其他人员进入作业区域。 (6) 设备吊装就位、支撑稳固后方可放松吊绳。对易滚、易滑、易散的吊物，摘绳时要用安全钩，且挂钩工不得站在吊物上面，如遇不易人工摘绳时，应选用其他机具辅助，严禁攀登吊物及吊绳。 (7) 起重机械及索具工作前应严格检查验收，在吊装不同重量的构件时应使用不同型号的钢丝绳，禁止小绳吊大物，同时建立钢丝绳定期检查制度和每次吊装前的目测巡视检验制度。在定期检查时注意对所检查的钢丝绳做好标记，如对第一次检查合格的钢丝绳做蓝色标记，对第二次检查合格的钢丝绳做绿色标记等，对检查不合格的钢丝绳(如散股、断股、露芯、出现毛刺超过安全范围等的钢丝绳)做红色标记并强制报废	 电气设备吊装

续表

序号	风险点	风险分析	管控措施	相关图例
5	冷箱内电气仪表安装	高处作业风险；受限空间作业风险	(1) 施工人员施工前，做好安全教育和安全技术交底。 (2) 施工人员应进行安全体检，若有恐高症、心脏病等疾病不得进行高处作业。 (3) 施工人员安全绳高挂低用，且必须使用五点式安全带，老旧安全带、破损安全带一律不得使用。所有配件必须携带牢靠，避免高处掉落物品砸伤其他作业人员。 (4) 高处作业必须办理高处作业证，并由专职安全员和施工作业班组安全员共同监督管理。 (5) 每名施工人员必须携带测氧仪，进入冷箱前进行空气成分分析，经检测合格(氧气浓度在19.5%～23.0%安全范围内)后方可进入。 (6) 冷箱内照明设置24 V照明，每20 m设置一处，每处分4个位置设置，确保冷箱内照明得到有效保障和用电安全保障。 (7) 冷箱人孔保持打开状态，确保冷箱通风，避免造成人员窒息	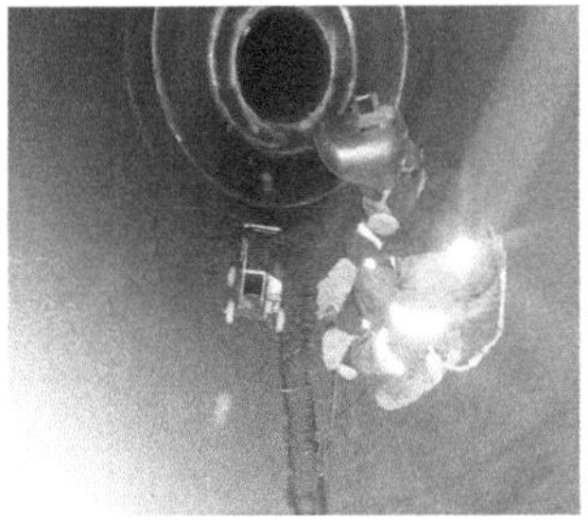 受限空间作业

（七）设备调试

序号	风险点	风险分析	管控措施	相关图例
1	变压器调试	变压器高压受电触电风险	(1) 变压器高压受电必须编制安全专项方案，且通过施工单位、监理单位报审报验。 (2) 参与受电调试人员必须进行安全技术交底，能够熟练掌握高压受电技能，持证上岗。 (3) 高压电缆耐压试验、变压器油绝缘、变压器接地绝缘等调试作业应完成，且有多方共同确认的纸版资料。 (4) 变压器安全消防报警系统应投用，且通过验收。 (5) 变压器周边应进行安全硬围护隔离，灭火器等安全消防用品应配备齐全，非操作人员已远离至安全距离。 (6) 变压器高压受电采用审批制度，由电气工程师和专职安全管理人员全程跟踪，直至受电完成	 变压器外围硬防护

续表

序号	风险点	风险分析	管控措施	相关图例
2	压缩机试车	噪声污染；机械伤害	(1) 成立试车小组，安排专人负责试车配合工作。 (2) 设置警戒区，无关人员严禁进入试车区域，压缩机厂房及压缩机连通管道区域施工作业，均需经过试车负责人统一指挥，并签署作业证。 (3) 组织试车前联合检查，听从统一指令，严禁擅自启动任何开关。 (4) 压缩机厂房门口设置耳塞取用盒，试车人员进入试车现场时应佩戴好耳塞，防止噪声伤害。 (5) 在作业群内及时通知试车进展，在运行稳定前，非操作人员严禁靠近。 (6) 试车小组全程待命，常用工具准备齐全，消防器械配备到位。 (7) 责任分工明确，配备对讲机等	 空气压缩机试车
3	冷箱裸冷	低温冻伤；高处作业	(1) 提前准备好保暖衣、大衣、保温手套。 (2) 检查工具牢固佩戴，防止掉落。 (3) 检查人员服从统一指令，分区自下而上进行检查。 (4) 检查人员规范穿戴保暖衣、安全带等劳动防护用品，在高处检查时系挂好安全带。 (5) 冷箱底部安排专人监护，作业人员至少保证两人一组进行检查。 (6) 检查过程中，严禁踩踏结霜管道，对泄漏部位拍照时不得擅自破坏表面结霜。 (7) 检查完成后，作业人员及时到室内恢复体温，防止感冒	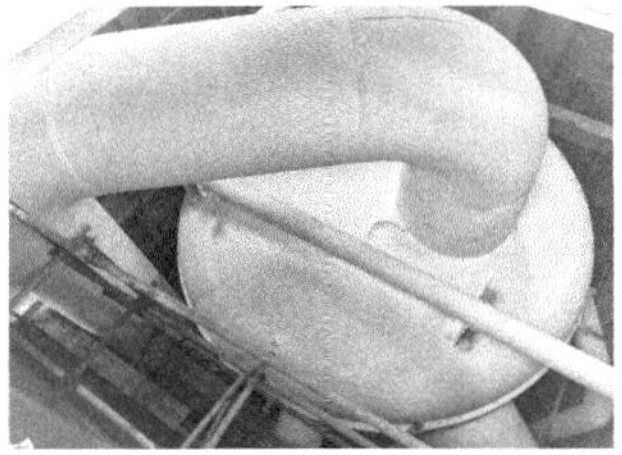 冷箱裸冷表面结霜

续表

序号	风险点	风险分析	管控措施	相关图例
4	低温泵试车	涉氧作业风险	(1) 在处理低温液化气体时，必须穿戴必要的防护服、手套等，裤脚不得塞进靴子内，以防止液体触及皮肤。 (2) 进入主冷箱或液氧泵小冷箱之前，必须确认该冷箱密封气阀已关闭，并检测氧气浓度，严禁在氧气浓度过低或过高时进入冷箱，以免人员窒息。 (3) 所有与氧气接触的部位和零件都要绝对无油和油脂，因此要进行脱脂清洗，由于这类清洗剂有毒，在使用时，必须注意通风、保护皮肤，并戴防毒面具。 (4) 现场人员的衣着必须无油和油脂，也不能使用脂肪质的化妆品，以避免着火而成为火源。 (5) 不得穿着带有铁钉或带有任何钢质件的鞋子，以避免摩擦产生火花，也不能采用易产生静电火花的材料做工作服。 (6) 进行氧气管道处理时，必须在操作人员完成管道内氧气置换后进行，严禁擅自操作。 (7) 必须使用防爆工具，泵箱内设置通风措施	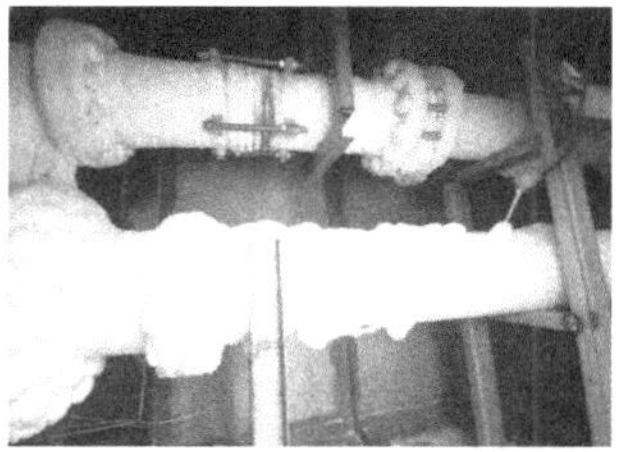 低温泵连接的进出口管道检查

（八）设备、管道拆除

序号	风险点	风险分析	管控措施	相关图例
1	设备、管道拆除	机械伤害；吊装作业风险；触电；窒息；爆炸	(1) 冷箱、分子筛、空冷塔、水冷塔、压缩机等设备拆除前由技术人员和专职安全员对正式电进行关断、内部窒息气体置换完成、填料已清除等进行安全确认。 (2) 设备拆除前拆除方案编制完成，由技术人员或项目总工对施工人员进行安全技术交底，并对现场起重条件（吊装地基处理、作业半径等）进行确认。 (3) 设备拆除前对管道、电缆等附属设施进行拆除，确保无连接，并由技术员和起重工进行现场确认。冷箱内管道、工艺管道必须使用洁净空气进行置换，在各管道出口处使用测氧仪检测和原有工艺系统检测，共同确认合格后方可进行施工，确保切割过程中不会发生窒息、爆炸等现象。 (4) 设备、管道拆除吊装时，严格遵守“十不吊”原则，并在吊装半径范围外设置硬围护。同时在吊装时要进行试吊，确保无附着物连接，整个过程由起重工严格按照缓慢吊装、逐步加载的方式进行吊装，不得一次性达到起重重量，避免因有附着物造成超载使得起重机侧翻。 (5) 冷箱内珠光砂、分子筛内填料、空冷塔内填料、水冷塔内填料、冷箱内管道拆除为拆除作业受限空间重点关注对象，专职安全员和技术员应重点关注，严格执行受限空间管理办法	 冷箱内管道拆除吊运  冷箱塔器拆除后临时存放

三、案例分析

（一）案例一

1. 事故经过

2007 年 5 月 27 日，某制氧工程氧气管道的蒸汽吹扫脱脂工作，由分包单位乙班组进行。至 5 月 29 日，氧气管道脱脂工作按脱脂方案及方案提及的相关标准完成，总包甲方项目部确认签字。5 月 30 日，乙班组按技术要求对氧气管道进行蒸汽吹扫，但在吹扫过程中发现系统排放口带水，几乎没有蒸汽喷出，经初步分析，原因为蒸汽压力过低，为改善吹扫效果上报并咨询甲方项目部，因乙班组在其他工程氧气管道进行的脱脂工作中，一般选用 1.5 MPa 以上的蒸汽进行吹扫，建议本制氧工程也采用该方案，经请示甲方项目部，决定选用 1.5 MPa 蒸汽进行后续的吹扫工作，乙班组编制了具体方案并交甲方项目部审批通过。6 月 15 日，整个氧气管道蒸汽吹扫打靶合格，并由相关单位确认签字。但在随后进行的氧气管道气密试验过程中，发现氧气切断阀阀芯有局部划伤现象。

2. 事故分析

(1) 氧气管道吹扫方案编制不完善，没有就氧气管道吹扫的具体操作做明确阐述与规定，甲方项目管理人员在没有严把质量关的情况下就上报相关部门审核。

(2) 整个脱脂吹扫方案中的氧气管道属于死角区，此部分管道又经多次设计变更，施工完成后没有彻底清理掉管道内的氧化物和焊渣，且在吹扫时未将氧气切断阀拆卸，致使焊渣漏入切断阀筒套内，导致氧气切断阀阀芯局部划伤，是本次事故发生的次要原因。

3. 管控措施

(1) 进行氧气管道吹扫时，要编制完善的吹扫方案，相关技术部门要进行严格的审核，并进行技术指导，确保吹扫工作受控。

(2) 氧气管道施工完成过程中必须严格保证清洁度，不得有氧化物和焊渣，焊接方法最好采用氩弧焊打底焊接的方式。

(3) 氧气管道脱脂吹扫前，须对其清洁度进行确认检查。

（二）案例二

1. 事故经过

2019 年 5 月 12 日 7 时 30 分左右，某公司在进行冷箱装配作业时，劳务装配工李某按照班长胡某的工作安排，在没有办理受限空间作业审批手续的情况下，独自一人进入冷箱内进行安全阀安装作业。李某未对互锁阀是否处于关闭状态进行确认就将阀后盲板法兰的两颗连接螺栓拧松，当发现盲板法兰处不断有氮气冒出时立即停止了作业，出冷箱后向胡某汇报了氮气泄漏情况。7 时 40 分左右，胡某和李某两人未上报，且在未采取安全防护措施的情况下又进入冷箱，攀爬到二层平台后两人分别倒在平台上。7 时 50 分左右，该公司配管班长张某在准备换衣服时听到冷箱有气流声便前去查看，发现有人倒在冷箱二层平台上，于是他进入冷箱内准备救人，结果自己倒在一层平台。7 时 58 分左右，该公司质量部检验员杨某听到呼救声，进入冷箱内将张某救出。8 时左右，该公司制造部领导组织人员向冷箱内注入压缩空气，并将冷箱内晕倒人员先后救出。8 时 20 分左右，该公司将吸入氮气的人员送到医院救治。胡某经医院抢救无效于当天死亡，其他人员经医院治疗后陆续出院。事故直接经济损失 193 万元。

2. 事故分析

（1）直接原因

① 李某未对互锁阀是否处于关闭状态进行确认就将阀后盲板法兰的两颗连接螺栓拧松，导致氮气泄漏至冷箱。

② 胡某和李某在明知已经发生氮气泄漏的情况下，未采取安全防护措施就冒险进入冷箱内部，直接导致胡某中毒和窒息。

（2）间接原因

① 该公司虽制定装配作业方案，但作业前未组织安全技术交底。

② 装配工安全常识缺乏，违反正常作业流程，在作业现场缺少安全监护下独自作业。

③ 该公司未开展风险因素辨识，未组织事故应急救援演练；装配工及班长安全意识淡薄，在发生氮气泄漏后处置不当，未上报且未穿戴应急救援装备就擅自进入受限空间。

④ 该公司对受限空间作业管理不严格，作业人员在没有办理当天的受限空间作业审批手续就进入冷箱内作业，未能及时掌握冷箱内发生氮气泄漏的情况。

3. 管控措施

（1）深刻吸取事故教训，严格执行国家的安全生产法律法规，落实安全生产责任制，强化对员工的安全生产基本知识和基本技能的教育培训工作，提高员工的安全常识和安全技能，并加强对危险作业的安全管理，严格落实相关的规定措施，认真履行安全监护人员职责。

（2）加大受限空间管理力度，严格落实规章制度，坚决遏制违章作业现象发生。

（3）建立安全生产应急管理责任体系和应急管理制度，各岗位配备必要的应急装备、物资，针对高风险事故的应急预案加大演练的频次，提高企业全体从业人员的安全防范意识。

建设工程施工安全管控丛书

冶金工程施工安全管控指南

高炉工程篇

李欣 / 主编
石军胜　马如建　吕宏　张银锋　李俊峰　王一飞 / 副主编

中国矿业大学出版社
· 徐州 ·

高炉工程篇

主要起草人：熊民辉、王亚丁、蒲璞、高健、阳代茂、曹克、焉海锋、易万君、肖朝全、田宇卿、陈文荣、郭腾伟、孙浩然、胡茂林、汪成国、袁平、侯彬、冯国庆、卢旭辉、刘晓、裴青峰、罗红庆、关梦凡

主要审核人：张林、李钢、刘忠、曾伟、李小辉、郎海洋、宋宁、张星、张青、王勇

目　录

高炉工程篇

一、高炉工程概述

（一）高炉工程工艺介绍

高炉炼铁时从炉顶装入铁矿石、焦炭、造渣用熔剂（石灰石），从位于高炉下部沿炉周的风口吹入经预热的空气。高温下焦炭（有的高炉也喷吹煤粉、重油、天然气等辅助燃料）中的碳同鼓入空气中的氧气燃烧生成一氧化碳，一氧化碳在炉内上升过程中除去铁矿石中的氧，从而还原得到铁。炼出的铁水从铁口放出。铁矿石中未还原的杂质和石灰石等熔剂结合生成炉渣，从渣口排出。产生的煤气从炉顶排出，经除尘后，可作为热风炉、加热炉、焦炉、锅炉等的燃料。高炉冶炼的主要产物是生铁，还有副产物高炉渣和高炉煤气。高炉炼铁生产工艺如下图所示。

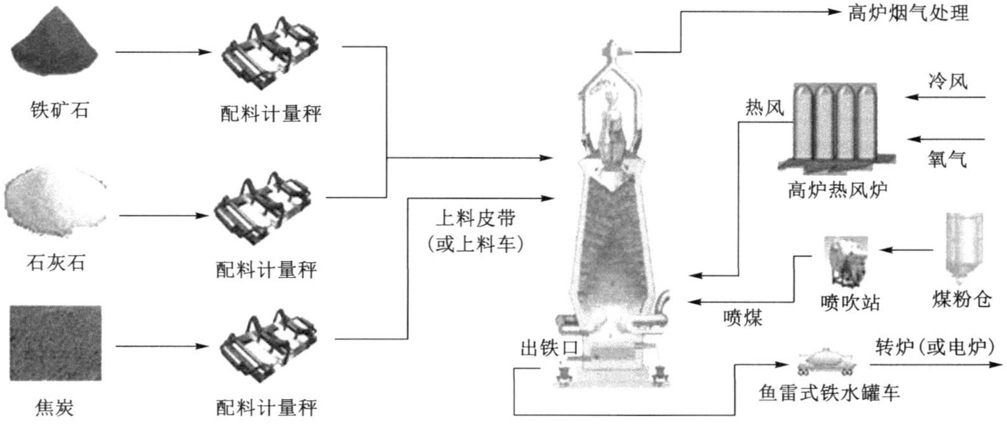

（二）高炉工程特点及难点

以日照精品基地1号5 100 m^3 高炉为例，介绍高炉工程施工的特点及难点。

(1) 深基础施工：转鼓基础埋置深度7.85 m，且紧邻出铁场，需板桩支护，施工难度大。

(2) 施工平面紧张：工程与其他标段同步施工，施工平面紧张，其本体施工的构件和设备现场临时堆放、拼装场地极其狭窄，施工难度较大。

(3) 工期较短：在20个月内建成一座特大型高炉，工期紧张，需要建设单位、设计单位、施工单位、设备制造单位密切配合，通力合作。施工时必须考虑使用多台大型施工机械，采用模块化施工的方式，减少占用主线项目的施工时间。

(4) 露天作业多，易受气候影响：恶劣天气对混凝土施工、室外作业影响较大。

(5) 交叉作业多：标段内高炉本体部分各部件、各专业交叉作业，场地内各标段交叉作业等。

(6) 施工接口多：能源介质、电等与热风炉、原料、高炉煤气余压透平发电装置(TRT)、高炉鼓风机需要多方协调、通盘考虑。

(7) 建设单位的特别要求：炉体冷却管烘炉采用后焊接，需要集结大量焊工来完成。

(8) 自立结构超高、超重：高炉本体框架总高114 m，为高层巨型框架结构，下部框架轴线尺寸约39 m×24 m，上部尺寸约31 m×24 m，施工只能由下往上搭积木式组织施工；上料主皮带通廊结构形式为桁架式，截面尺寸6.0 m×5.2 m，与地面呈水平夹角9.616°，由六段通廊与六榀支架组成，最大高度74 m，单段通廊最大质量189 t。

(9) 安装工程量大：机械设备总质量10 427 t、工业管道2 475 t、电缆888 km、电气设备2 434台(套)、耐火材料6 832 t。

(10) 单台设备重、安装高度高：单台设备质量大，炉顶称量料罐80.6 t；粗煤气下降管管径 ϕ3 440 mm×20 mm，单件质量150 t；粗煤气炉顶煤气放散阀安装在+107.8 m的高度，需要使用大型吊装设备。

(11) 耐火材料种类、型号众多：耐火材料全部为定型加工，砌筑施工质量要求高，单块最大质量近2 t。

（三）高炉工程专项施工方案清单

序号	施工方案名称	备注
1	临时用电施工组织设计	
2	雨季施工专项施工方案	

续表

序号	施工方案名称	备注
3	冷却壁安装专项施工方案	
4	底滤池土方开挖专项施工方案	
5	出铁场高大模板工程专项施工方案	专家论证
6	矿焦槽高大模板工程专项施工方案	
7	鼓风机站柱平台高大模板工程专项施工方案	专家论证
8	喷煤柱平台高大模板工程专项施工方案	专家论证
9	铸铁机柱平台高大模板工程专项施工方案	专家论证
10	塔式起重机安装、使用、拆除专项施工方案	
11	主皮带驱动室高大模板工程专项施工方案	专家论证
12	料罐设备吊装专项施工方案	专家论证
13	主皮带通廊安装专项施工方案	专家论证
14	下降管安装专项施工方案	专家论证
15	压力管道安装专项施工方案	
16	耐火材料安装专项施工方案	专家论证
17	铸铁机行车安装专项施工方案	专家论证

二、高炉工程常见风险及管控措施

（一）土建基础施工

序号	风险点	风险分析	管控措施	相关图例
1	基坑支护：坍塌	(1) 未分层、分段开挖或者不均衡开挖。 (2) 支护结构未达到设计的强度要求，提前开挖。 (3) 未采取防止碰撞支护结构的有效措施。 (4) 土钉长度不足或间距、角度不符合要求。 (5) 基坑下部有透水层，未设置排水孔。 (6) 未按要求进行基坑监测	(1) 土方开挖严格遵循“先撑后挖”“分层开挖”“严禁超挖”等原则。 (2) 当基坑上方的锚杆、土钉、支撑未达到设计强度时，严禁向下超挖。 (3) 安排专人旁站指挥，确保开挖不碰撞支护结构。 (4) 土钉长度及间距应满足《复合土钉墙基坑支护技术规范》(GB 50739—2011)中的相关要求，与水平面夹角 5°～20°。 (5) 基坑下部有透水层时，在混凝土面层上设置排水孔。 (6) 按方案要求监测基坑变形	 基坑支护

续表

序号	风险点	风险分析	管控措施	相关图例
1	基坑支护：机械伤害	(1) 多台机械之间安全距离不符合要求。 (2) 注浆管内材料放空。 (3) 灰浆泵内干灰浆等杂物未清理干净	(1) 设专人监护，确保多台挖掘机保持 10 m 以上的安全距离。 (2) 向土钉孔注浆时注浆管内保持一定量的砂浆。 (3) 灰浆泵使用前，应清理泵内干硬灰浆等杂物	 机械作业
	基坑支护：物体打击	(1) 基坑四周未采取防护措施。 (2) 喷射混凝土时，枪头前站人。 (3) 基坑边无防护措施。 (4) 支护结构拆除顺序与方案不符。 (5) 机械拆除支撑时，施工荷载大于支撑承载能力	(1) 基坑四周必须设置防护栏杆，栏杆高度不应低于 1.2 m。 (2) 混凝土面层施工喷射混凝土时，枪头前严禁站人。 (3) 基坑边用木板等堵边，防止伤人。 (4) 支护结构拆除时，应遵循“先施工后拆，后施工先拆”的原则。 (5) 机械拆除支撑时，施工荷载应小于支撑的承载能力	 枪头前严禁站人
	基坑支护：高空坠落	基坑未设置人员上下安全通道，或者设置不符合要求	基坑内应设置供人员上下的定制化专用通道	 专用通道

续表

序号	风险点	风险分析	管控措施	相关图例
2	土方开挖	(1) 基坑四周弃土堆放过高，基坑堆土距离基坑太近。 (2) 在软土场地堆土。 (3) 在基坑旁边堆放材料、机械。 (4) 基坑距离现场建筑物太近。 (5) 未对基坑四周相关建筑物进行变形、沉降情况监测，对变形、沉降未采取措施	(1) 基坑四周弃土堆放高度不大于 1.5 m，弃土堆底至基坑顶边距离不小于 1.2 m，垂直坑壁边坡条件下弃土堆底至基坑顶边距离不大于 3 m。 (2) 软土场地的基坑边不应堆土。 (3) 不在坑边堆放材料、机械。 (4) 坑、沟与建筑物距离不得小于 1.5 m。 (5) 按方案对支护结构、基坑外地面沉降或坑底隆起变形、地下水位变化、周边建筑物及道路和地下管线等设施沉降及变形情况进行监测，发现隐患及时报告和处理	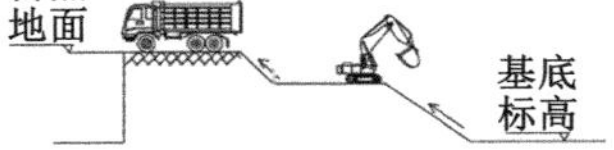 土方开挖

续表

序号	风险点	风险分析	管控措施	相关图例
3	模板及支撑体系：坍塌	(1) 支撑架的立杆混用。 (2) 立杆底部未设置垫板，受力不均。 (3) 立杆设置不符合规范要求。 (4) 满堂支撑架步距不符合规范要求。 (5) 可调托撑伸出顶层水平杆的长度不符合规范要求	(1) 不同材料的模板支撑架立杆不得混用。 (2) 立杆底部应设置垫板或槽钢，并应准确放在定位线上。 (3) 扣件式钢管模板支撑架搭设时，截面高度小于400 mm的梁下宜设置立杆；截面高度大于或等于400 mm的梁下必须搭设附加立杆，立杆数量由计算确定。 (4) 扣件式钢管满堂支撑架步距不宜超过1.8 m，立杆间距不宜超过1.2 m×1.2 m，间距与步距需通过计算确定；立杆伸出顶层水平杆中心线至支撑点的长度不应超过0.5 m；可调托撑螺杆伸出长度不宜超过300 mm，插入立杆内的长度不小于150 mm；满堂支撑架搭设高度不大于30 m。碗扣式钢管模板支撑架应根据所承受的荷载计算确定立杆的间距和步距，扫地杆距地面高度不应大于400 mm，立杆底部应设置可调底座或固定底座。 (5) 碗扣式钢管支撑架立杆伸出顶层水平杆的长度不大于600 mm；盘扣式模板支撑架可调托撑伸出顶层水平杆或双槽钢托梁的悬臂长度严禁超过650 mm，且丝杆外露长度严禁超过400 mm，可调托撑插入立杆或双槽钢托梁长度不得小于150 mm；作为扫地杆的最底层水平杆离地高度不应大于550 mm	 高炉基础模板  模板支撑架

续表

序号	风险点	风险分析	管控措施	相关图例
3	模板及支撑系统：高处坠落	(1) 模板搭设高度大于 10 m 时，未加设安全平网。 (2) 孔洞口未进行防护。 (3) 临边平台未进行防护。 (4) 临时作业平台不稳固。 (5) 高处作业使用的安全带为不合格产品。 (6) 安全带使用不规范。 (7) 安全带无可靠挂点	(1) 当模板搭设高度大于 10 m 时，应按高处作业要求每隔 10 m 加设一道安全平网；作业层内应采用安全平网封闭，且安全平网应采用不燃材料。 (2) 对孔洞口(水平孔洞短边尺寸大于 25 cm 的，竖向孔洞高度大于 75 cm 的)都要进行防护。小的洞口可临时砌死或用定型盖板盖严；较大的洞口可采用伸入混凝土板内的钢筋构成防护网，上面铺满脚手板；边长在 1.5 m 以上的洞口，张挂安全平网并在四周设防护栏杆。在施工现场中根据洞口大小及作业条件，形成定型化盖板，不允许作业人员随意找物体盖上。 (3) 施工现场中，工作面边缘无防护设施或防护设施高度低于 80 cm 时，都要按规定搭设临边防护栏杆。尚未装栏板的平台周边、楼层边都必须设置防护栏杆。 (4) 高处作业搭设稳固的作业平台并设置安全网和防护栏杆。 (5) 临时作业平台未验收禁止上人作业。临时作业平台超过 2 m 应系挂全身背带式安全带。 (6) 安全带应符合《坠落防护　安全带》(GB 6095—2011)的要求，进场应提供生产日期、生产许可证、产品合格证、检验证。 (7) 安全带上的各种部件不得任意拆除或接长使用。安全带应高挂低用，使用 3 m 以上长绳应加设缓冲器。 (8) 无安全带系挂条件时，应先拉设横向安全绳，作业人员将安全带系挂在安全绳上	 临边防护栏杆

续表

序号	风险点	风险分析	管控措施	相关图例
4	混凝土浇筑：高处坠落	(1) 无浇筑人员临时工作平台、无人员上下安全通道。 (2) 浇筑人员安全带无可靠挂点。 (3) 预留洞口未进行防护。 (4) 夜间无照明	(1) 混凝土浇筑前应搭设浇筑人员临时工作平台、人员上下安全通道，经验收合格后再投入使用，浇筑时应有专人旁站。 (2) 设置安全带可靠挂点，经验收后，旁站操作人员准确挂设，并使用合格安全带。 (3) 对作业附近预留洞口设置安全防护措施。 (4) 夜间作业时，配备足够照明	 浇筑人员临时工作平台
	混凝土浇筑：机械伤害	(1) 混凝土泵车操作人员未持证上岗。 (2) 浇筑作业现场混乱，无分工协助。 (3) 操作人员与混凝土罐车运转部位安全距离不足。 (4) 料斗下面站人。 (5) 混凝土搅拌机未停机就清理物料。 (6) 电箱未上锁，管理不到位	(1) 由现场安全员负责核查，混凝土泵车操作人员必须人证合一，无操作证不允许操作。 (2) 混凝土浇筑作业前明确分工，浇筑过程由专人指挥。 (3) 用红白旗将混凝土罐车运转部位做隔离警示，作业人员应远离搅拌筒。 (4) 设专人监护，严禁混凝土搅拌机运转过程中，料斗下面站人。 (5) 现场浇筑完毕，切断电源后再清理搅拌机筒内物料。 (6) 电闸箱配锁，由专人开关，避免误动作	 混凝土浇筑

续表

序号	风险点	风险分析	管控措施	相关图例
4	混凝土浇筑：触电	(1) 振动器的电源线不防水，直接挂在钢筋上。 (2) 作业人员未穿戴绝缘防护用品。 (3) 电线老化，未验收就使用。 (4) 未设置漏电保护器。 (5) 振动器的电源线长度不满足要求。 (6) 振动器未验收就投入使用	(1) 振动器的电源线应使用防水线，挂在专用支架上。 (2) 振动器操作人员穿戴绝缘手套、绝缘鞋等。 (3) 电线路验收合格方可使用。 (4) 振动器电源线的漏电保护器应保证有效。 (5) 振动器电源线的长度应满足要求，在使用过程中禁止随意拖拽。 (6) 振动器验收合格，并粘贴合格标志后，方可使用	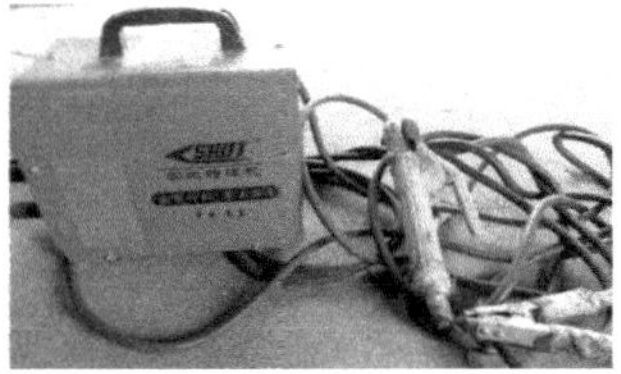 振动器
5	塔式起重机：倒塌	(1) 塔式起重机基础尺寸、埋深、地基承载力等不满足技术要求。 (2) 塔式起重机使用期间未定期监测，塔式起重机机身垂直度偏差严重超标	(1) 编写塔式起重机基础施工方案，根据塔式起重机使用说明书设计塔式起重机的基础尺寸、埋深等，方案经审批后方可施工。 (2) 根据塔式起重机使用说明书定期对设备进行监测，主要包括机身垂直度、各旋转部位、连接轴承等	 塔式起重机
6	施工升降机	(1) 违章载人。 (2) 严重超载。 (3) 安全门、防冲顶装置等不合格，或未经验收即开始使用	(1) 施工升降机严禁载人。 (2) 严格限制施工升降机的使用荷载并挂牌警示，严禁超载。 (3) 施工升降机及配套的平台搭设，严格按照相关标准进行验收，合格后挂验收牌才能使用	 施工升降机

（二）钢结构施工

序号	风险点	风险分析	管控措施	相关图例
1	钢结构制作	(1) 未穿戴劳动防护用品，发生碰撞等机械伤害。 (2) 操作人员未持证上岗发生触电、机械伤害。 (3) 未做好场地规划，构件摆放无序、无安全通道，造成人员伤害。 (4) 构件堆放失稳、倾翻，造成人员伤害。 (5) 吊索具超载使用。 (6) 各种胎具强度不足。 (7) 氧气瓶、乙炔瓶存放距离不符合安全距离要求，气管漏气造成火灾。 (8) 吊装区域有人滞留和通过	(1) 作业人员进入车间均应穿戴好劳动防护用品，避免受到意外伤害。 (2) 电工、电焊工、起重信号指挥等作业人员应持证上岗，并接受安全教育。 (3) 提前规划好下料、组装、焊接、喷砂、涂装区域，组装胎架时，应离开地面 0.4～1.2 m；确保安全通道畅通。 (4) 构件的堆放应十分稳固，必要时应设置支撑。构件堆垛不得超过 2 层。 (5) 吊索具要定时检查，不得超载使用。磨损的钢丝绳应按规定进行更换。 (6) 所有钢结构制作使用的各种胎具的制造和安装，均应进行强度计算。 (7) 制作过程中所使用的氧气瓶、乙炔瓶、丙烷瓶等必须有安全防护措施，并定期检测有无泄漏情况；其存放距离达到安全距离要求。 (8) 构件移动时，移动区域内不得有人滞留和通过	 高炉炉壳制作  五通球制作
2	钢结构运输	(1) 弧形构件直接放在车上，急刹车构件伤及司机。 (2) 封车捆绑方式不正确，运输时滑落。 (3) 司机超速，急停造成构件从车上滑落	(1) 运输弧形构件时应采用专用弧形支座，确保稳固。 (2) 封车时使用合格的绳具对构件进行捆绑，并用手拉葫芦锁住。 (3) 司机应按交通规则行驶，车辆行进应控制速度，避免急停、急刹	 构件运输

续表

序号	风险点	风险分析	管控措施	相关图例
3	基础验收	(1) 上下基础无安全通道或通道四周无防护措施。 (2) 临边平台、孔洞四周未进行防护。 (3) 未系挂安全带	(1) 上下基础搭设安全通道且通道四周应安装临时防护栏杆。 (2) 临边平台、孔洞四周安装防护栏杆和铺设安全平网。 (3) 作业人员正确系挂安全带,且安全带应有可靠的挂点	 安全通道
4	钢结构卸车	(1) 钢丝绳选用不当,绑扎不牢、小构件散落。 (2) 构件堆放超高。 (3) 操作不当、起重机倾翻	(1) 吊装用钢丝绳规格须符合方案要求;小构件用铁丝与主构件固定牢固,并经验收合格;吊装区域清场后方可试吊,确认平衡后继续吊装。 (2) 构件下面摆放枕木作为找平支撑,按照安装顺序堆放,相同类似构件堆放一起,原则上只堆放 2 层。 (3) 起重机司机持证上岗;吊装作业半径、地基情况、吊装用绳具、构件绑扎情况等应经过验收合格,试吊平稳后继续卸车	 构件现场堆放

续表

序号	风险点	风险分析	管控措施	相关图例
5	钢结构吊装	(1) 超高、超大构件安装未编制专项施工方案,未按要求设置安全防护装置,未进行安全技术交底,未按方案执行或未实施重点监控。 (2) 高处作业人员未正确使用安全带、防坠器等个人防护用品。 (3) 临边平台、孔洞未设置防护栏杆或进行安全覆盖或其他防坠设施,未设置警示标志。 (4) 夜间施工照明不足。 (5) 未设置逃生通道,或擅自修改通道	(1) 履行方案编制、审核、批准程序,落实安全技术交底,严格按方案执行吊装作业。 (2) 落实安全技术交底、班前安全教育,明确安全措施责任人,督促落实五点式安全带的生根。 (3) 对临边平台、孔洞设置临边防护栏杆及安全平网,设置明显警示标志。 (4) 确保作业类型是否符合夜间安全作业要求,落实夜间照明与安全监管人员,强化安全再教育。 (5) 合理设置逃生通道,落实区域安全责任人,每天定期维护通道,确保通道畅通	 下降管抬吊

续表

序号	风险点	风险分析	管控措施	相关图例
6	出铁场厂房屋面结构安装	(1) 钢柱就位时临时爬梯绑扎不牢,登高摘取绳索时无防坠落措施。 (2) 吊车梁安装未设置施工人员上下措施,吊车梁构件未固定或固定不牢。 (3) 吊车梁未按要求设置安全绳。 (4) 屋面系统安装时,安全绳设置不规范,未按要求张挂安全网或张挂不规范。 (5) 檩条安装对位过程中发生挤压。 (6) 檩条安装过程中出现脱钩、螺栓掉落、安装工器具掉落。 (7) 焊接过程中出现触电事故	(1) 每根钢柱必须设置临时爬梯和安全绳,临时爬梯用 ϕ12 mm 圆钢或 50 mm×6 mm 角钢制作,必要时设置护笼;爬梯横向采取焊接连接,焊接方式采取双面搭焊,焊接长度不小于 6 mm;安全绳上要有防坠器,供施工人员上下使用。 (2) 吊车梁与柱进行连接时,由于柱牛腿截面尺寸较小,施工比较危险,应设置临时爬梯或固定爬梯,供吊车梁安装人员上下及施工用;单片吊车梁立放时应架设钢管支撑,防止吊车梁倾覆。 (3) 吊车梁安装就位后,及时与柱进行连接,并在梁的两侧拉设安全绳,以保证施工人员行走安全。 (4) 施工人员在屋面梁上行走时,为确保人员安全,屋面梁上应设置安全绳(用卡扣固定在 ϕ48 mm 钢管上),供施工人员挂安全带用;在梁柱节点处预设安全吊篮,供人员操作用;在屋架下弦张挂安全网,与屋面梁用铁线连接,确保作业时人员安全。 (5) 落实安全技术交底,明确檩条安装步骤与工人的协调情况,配备经验丰富的信号指挥人员及现场安全监管人员,发现违规现象立即制止。 (6) 檩条安装范围拉设警戒线,禁止交叉作业,檩条吊装前需确保绑扎牢固、端部螺栓螺母紧固、工器具装入工具包等。 (7) 落实焊接接地措施,定期对焊把线进行检查维护,破损电线禁止使用	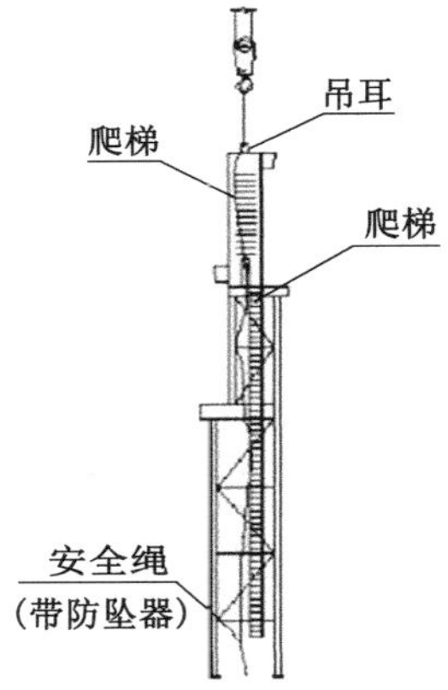 钢柱吊装 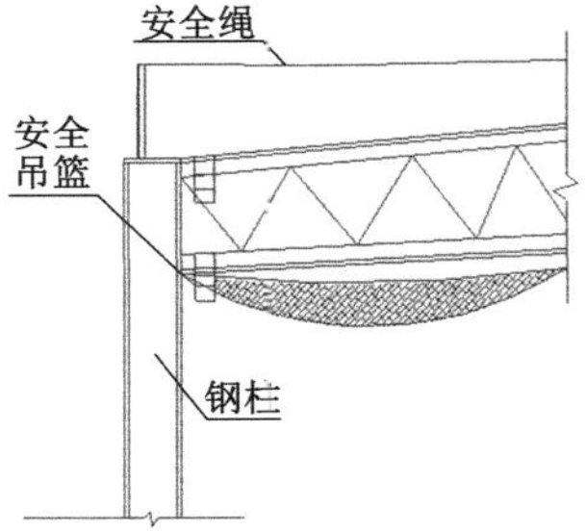 屋架安装

续表

序号	风险点	风险分析	管控措施	相关图例
7	压型瓦安装	(1) 人员上下无安全通道。 (2) 未安装安全绳,安全绳与防坠器固点在一个点。 (3) 安全绳未设置可靠安全挂点。 (4) 压型瓦在上升过程中晃动,下方未设置牵引绳。 (5) 作业人员站在安全梯笼外作业。 (6) 安全梯笼不能满足人员上下而变形。 (7) 安全梯笼人员数量未控制。 (8) 作业区域未警戒、未设专人看护。 (9) 工具在高空传递未拴保险绳,从高空脱落	(1) 在厂房顶部挂设安全梯笼。 (2) 安全绳与防坠器应分开固定并完全紧固。 (3) 提前设置安全措施(安全绳、防坠器)系挂点。 (4) 在压型瓦上方设置吊点,使用卷扬机将压型瓦牵引到位,压型瓦下方设置牵引绳,控制压型瓦不摆尾。 (5) 压型瓦吊装至安装位置后,作业人员应站在安全梯笼内使用铆钉枪将其定位。 (6) 安全梯笼使用前均需要验收,合格后方可投入使用;投入使用后实行周检制度,即每周的最后一天对其整体、踏步连接点、顶部挂点进行检查。 (7) 安全梯笼使用时,其内最多同时载 2 名作业人员。 (8) 作业现场拉好警戒线,无关人员不得进入现场,严禁工作过程中投放杂物等物品。 (9) 高处作业人员携带工具应放入随身携带的工具袋内,在高空传递时,应有保险绳,不得随意上下抛掷工具、物件,防止滑落伤人	 安全梯笼 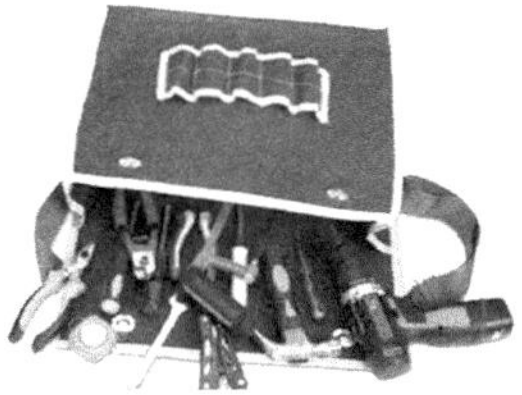 工具袋

续表

序号	风险点	风险分析	管控措施	相关图例
8	出铁场墙面板安装	(1) 机械伤害：不合理使用压板机造成挤压伤害，不合理使用卷扬机导致的伤害事故。 (2) 高空坠落：墙面板施工过程中发生脱钩坠落现象。 (3) 墙面板刮伤人员：墙面板边缘较为锋利，操作不当容易出现刮伤事故	(1) 落实班前安全技术交底，设置危险警示牌并做好相应的隔离措施。定期维护卷扬机，严格按照方案进行墙面板的安装工作。 (2) 确保安装的檩条已紧固或焊接到位，使用的安全梯笼禁止超员，单根安全绳禁止超员使用。对安全绳、安全带等进行定期保养。 (3) 风力大于 6 级时禁止进行吊装作业，就位的墙面板需及时进行固定。 (4) 作业面区域拉设警戒线，合理开设墙面板吊装孔，禁止生拉硬拽	 墙面板安装
9	钢结构焊接	(1) 未办理动火作业审批手续，未持证作业，未配备消防灭火器，未对监护人员进行交底。 (2) 焊接区域易燃易爆物品未清理，设备未覆盖、隔离。 (3) 焊渣防护措施不到位。 (4) 电焊机未接地或者接地不牢固，电焊机电箱未搭设防雨棚，电焊线保护层破损外露，电焊手套潮湿	(1) 执行动火作业审批制度，落实好动火作业监护人。电焊工在动用明火时必须随身带好“二证”(电焊工操作证、动火作业许可证)、“一器”(消防灭火器)、“一监护”(监护人职责交底书)。 (2) 焊接处下方易燃易爆物品应清除或进行覆盖、隔离，经监护人确认后进行焊接。 (3) 现场焊接前，要安装专用遮光挡风棚，焊接处下方设置接火盆接住火花，或者焊接作业下方设备等覆盖严密防火毯、防火布，并设专人监火。 (4) 焊接前确保电焊机接地良好，为电焊机电箱搭设专用防雨棚，焊钳与把线无破损，电焊手套应干燥	 炉壳焊接环形平台

续表

序号	风险点	风险分析	管控措施	相关图例
10	探伤作业	(1) 探伤作业未发书面通知告知相关人员，无警示标志，非作业人员误闯探伤区域。 (2) 作业人员未持证上岗，劳动防护用品穿戴不合规。 (3) 在放射性设备区域作业未对设备进行隔离	(1) 探伤前书面通知相关人员，暂停其他作业，现场拉设警戒线并悬挂“正在探伤　勿入”标志，由专人看守，防止无关人员闯入。 (2) 射线探伤作业控制区内无关人员全部清场撤离，并确认后方可进行探伤作业。 (3) 实施前检查证书做到人证合一，确保工作人员劳动防护用品穿戴符合要求。 (4) 对在放射性设备四周作业的，先办理审批手续，将放射性设备断电，进行隔离，防止辐射伤害	 探伤作业风险告知卡
11	钢结构涂装	(1) 油漆、稀释剂随意存放。 (2) 油漆管理混乱，无发放记录。 (3) 涂装区域未禁火，容易引发火灾。 (4) 未及时回收废旧空油漆桶	(1) 现场使用的油漆必须设置专人进行保管，存放在单独的危险化学品库房中。 (2) 油漆应统一领用、发放，并留存发放记录。 (3) 防腐涂装施工所用的材料大多为易燃品，作业现场严禁吸烟或者使用明火。 (4) 使用完的油漆空桶应及时回收，统一处理	 油漆专人保管

（三）机械设备安装

序号	风险点	风险分析	管控措施	相关图例
1	大型起重机械安拆	（1）起重机械安拆未编制安拆专项施工方案或方案未通过审批，未对安装人员交底。 （2）设备存在缺陷，未对起重机械的杆件、钢丝绳、吊钩进行验收。 （3）安拆场地地基承载力不满足要求。 （4）安拆人员未持证上岗、违章作业。 （5）作业人员进入构件摆动区域。 （6）起重臂臂杆起升时有人员随意走动。 （7）未验收、未办理使用证就投入使用。 （8）使用前未试吊	（1）安拆前编制安拆专项施工方案，经过审批后，对安装人员交底。 （2）安装前对进场的设备、部件等进行验收，验收合格后才可以安装。 （3）安拆场地的地基承载力应经验收合格方可使用。 （4）安拆前逐一核对人员，要求人证合一，并对作业人员进行交底，工程、技术、安全人员全程参与安拆过程，及时纠正违章指挥、违章作业行为，确保安全作业。 （5）安拆时人员不允许站在物体夹紧处和剪断处附近。在安装步骤完成之前，人员不得进入悬挂物体可能坠落的区域。 （6）履带式起重机组装完成，在臂杆起升前，杆下无关人员全部清场，起杆过程中做好各部位分工，方可指挥司机操作，且起重臂下方严禁站人。 （7）安装完成经验收合格登记后方可使用。 （8）使用前应进行试吊	 履带式起重机安装

续表

序号	风险点	风险分析	管控措施	相关图例
	冷却壁安装：施工准备	(1) 无方案施工或方案未经审批。 (2) 未对相关人员进行交底	(1) 冷却壁安装属于危大工程，按要求编制专项施工方案并审批。 (2) 方案经过审批并交底后方可施工	 方案交底
2	冷却壁安装：吊盘	(1) 吊盘未验收。 (2) 吊盘提升时不同步，导致吊盘倾斜。 (3) 吊盘未设保护绳或保护绳强度不足。 (4) 吊盘强度不足。 (5) 吊盘上荷载超过设计极限值；或荷载未按方案布置，集中在一端，导致吊盘钢丝绳断裂或吊盘倾斜。 (6) 吊盘吊点或炉壳上固定点强度不足	(1) 吊盘安装完毕，组织相关人员按照方案进行验收。 (2) 吊盘提升时需同步提升。 (3) 按方案设置吊盘保护绳。 (4) 吊盘上荷载布置需按方案布置。 (5) 按方案设置吊点和炉壳上固定点。 (6) 吊盘使用过程中定期检查	 吊盘检查
	冷却壁安装：吊盘钢丝绳	(1) 吊装前未检查钢丝绳。 (2) 使用的钢丝绳属于不合格产品。 (3) 钢丝绳直径选择错误，不能满足吊装要求	(1) 吊装前对钢丝绳进行检查，断股严重的严禁使用。 (2) 对进场钢丝绳进行现场检查，保证使用合格产品。 (3) 按审批后方案选择合适的钢丝绳	 钢丝绳检查

续表

序号	风险点	风险分析	管控措施	相关图例
3	炉顶料罐等设备安装	(1) 料罐安装未编制专项施工方案。 (2) 吊索具未进行验收。 (3) 吊点设置不合理,设备倾斜。 (4) 吊装区域未警戒。 (5) 通往设备安装平台的安全通道不畅通	(1) 按照要求编制专项施工方案并进行审批,交底后方可施工。 (2) 吊索具进场要有检验合格证,吊装前对吊耳焊缝、卡环、钢丝绳、起重机站位组织验收。 (3) 按照方案设置吊点,吊装前确保钢丝绳长度一致,受力均衡。 (4) 吊装区域用安全警示带围起,并设置“闲人免进”“禁止通行”等警示牌。吊臂下方禁止站人,高处作业所用的工具、零件、材料等必须装入工具袋。 (5) 通往设备安装平台的安全通道应保持畅通,并设置安全绳用于挂设安全带	 料罐安装
4	皮带、除尘布袋安装	(1) 在皮带区域进行动火作业未办理动火作业许可证。 (2) 在皮带区域进行动火作业未清理易燃物,未配备灭火设备,未设专人监护。 (3) 除尘布袋安装人员随身携带火种。 (4) 进入除尘布袋作业未按有限空间作业进行管理	(1) 皮带胶结前完成四周的动火作业。 (2) 动火作业前应清理四周易燃物,并配备灭火设备,设专人监护。 (3) 进入除尘布袋作业人员禁止携带火种,罐体内禁止吸烟,设专人检查并全过程监护。 (4) 进入除尘布袋作业应办理有限空间审批手续,除尘布袋内通风设施应保证运作正常	 动火作业

续表

序号	风险点	风险分析	管控措施	相关图例
5	其他设备安装	(1) 未佩戴安全带。 (2) 使用破损安全带。 (3) 未设安全网。 (4) 安全绳设置点错误或不够牢固。 (5) 作业人员未持证上岗。 (6) 人员上下通道设置有问题，导致人员无法顺利通行	(1) 高处作业人员作业前应检查安全带是否按规范佩戴整齐。 (2) 登高前检查安全带是否破损，破损安全带不得使用。 (3) 挂设安全立网、平网，验收合格后投入使用。 (4) 安全绳设置点经验收合格，确保足够牢固。 (5) 高处作业人员应持证上岗。 (6) 上下通道设置应规范、通畅	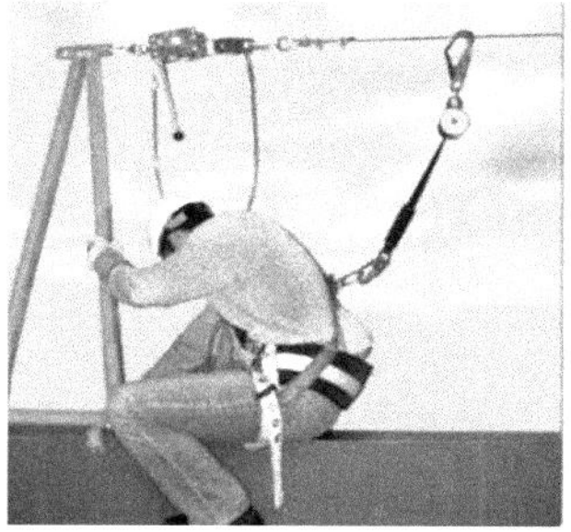 正确使用安全带

(四) 管道安装

序号	风险点	风险分析	管控措施	相关图例
1	管道拼装	(1) 预拼装胎架上未设置防止管道随意滚动的措施。 (2) 并排摆放的管道安全距离小、无安全通道。 (3) 管道对口过程中在敲打楔子时配合不协调，伤及他人。 (4) 电焊线线芯裸露	(1) 管道放在胎架上以后，在管道与胎架接触的左右侧塞入等角度的木楔子，防止管道随意滚动。 (2) 并排摆放的管道安全距离应大于 3 m，通道内杂物清理完，确保畅通。 (3) 管道对口过程中在敲打楔子时，为避免楔子脱落，可在楔子上焊接一段圆钢，便于掌握方向，也可防止在敲击楔子时伤及他人。 (4) 电焊线及焊把连接牢固，裸露线芯包扎完好，设备接地良好	 管道拼装

续表

序号	风险点	风险分析	管控措施	相关图例
2	管道吊装	(1) 吊装方案未编制、审批就施工。 (2) 吊耳设置不合理，吊耳、吊索具未验收。 (3) 管道对接未搭设操作平台。 (4) 吊装区域警戒。 (5) 吊装过程无专人监护	(1) 吊装前吊装方案应通过审批，并对相关人员进行交底。 (2) 起重机及吊索具的性能须经验收合格；吊耳的设置应与方案一致，吊耳的焊缝应经探伤检测，确保焊缝牢固；吊装场地的地基承载力应符合方案要求。 (3) 管道对接应搭设人员操作平台和通道，并经验收合格。 (4)管道吊装期间吊装区域设置警戒线，严禁人员进入。 (5) 设一名安全监督员，负责监视吊装现场情况	 管道吊装

续表

序号	风险点	风险分析	管控措施	相关图例
3	管道安装	(1) 高处作业人员未系挂安全带。 (2) 安全带挂点不牢固。 (3) 安全带挂在吊装物上。 (4) 高处操作平台上的工器具随意堆放。 (5) 梯子底部不平，上端未固定。 (6) 垂直交叉作业无防护措施	(1) 施工人员在高于 2 m 高度进行管道组对、找正及焊接作业时，必须系挂安全带，安全带应高挂低用、扣好保险钩。 (2) 确保安全带挂点牢固可靠。 (3) 安全带禁止同吊装物或承受外部较大荷载的构筑物挂在一起。 (4) 在操作平台上放置的工器具应摆放平稳，防止滚落；榔头、千斤顶等重型工具应设置防脱落设施，用麻绳或铁丝捆绑牢靠，用完后及时放置在安全区域。 (5) 使用梯子作业时，支撑地面应坚实，严禁垫高使用。梯子上端应有固定措施，下端有防滑措施，立梯工作角度以 75°为宜。 (6) 各工种进行上下立体交叉作业时，禁止在同一垂直方向上同时操作，下层作业的位置，必须处于其上层作业确定的可能坠落范围半径以外；无法错开时，下部施工上方必须设置安全可靠的防坠物措施	 管道安装

续表

序号	风险点	风险分析	管控措施	相关图例
4	管道内部焊接	(1) 未办理有限空间作业审批手续。 (2) 无专人监护和旁站。 (3) 有限空间作业区域未设置警示标志。 (4) 未对现场环境定时监测。 (5) 未设置通风装置。 (6) 未设置漏电保护器。 (7) 未使用安全电压的照明	(1) 有限空间作业必须办理有限空间安全作业证。 (2) 在管道内进行焊接作业时,在管道外设专人监护,进入有限空间前,监护人会同作业人员检查安全措施,统一联系信号。在风险较大的有限空间作业,增设监护人员,并随时保持与有限空间作业人员的联络。监护人员不得脱离岗位,并掌握有限空间作业人员的人数和身份,对人员和工器具进行清点。 (3) 在有限空间外设置警示标志。 (4) 作业人员配备氧气检测仪,定时检查,氧气浓度不符合要求时作业人员应撤离。 (5) 有限空间内作业时,应设置通风机(轴流式风机),保持有限空间内空气流通。 (6) 进行电焊作业时,应配备漏电保护器。在潮湿环境中,作业人员应站在绝缘板上,同时保证金属容器接地可靠。 (7) 有限空间照明电压应小于或等于 24 V,潮湿环境照明电压应小于或等于 12 V,并使用隔离变压器	 设置警示标志

续表

序号	风险点	风险分析	管控措施	相关图例
5	管道高空焊接	(1) 未办理动火作业审批手续、未清理易燃物、未覆盖重要设备、未配备灭火器，无监火人。 (2) 动火作业结束后未确认。 (3) 未搭设作业人员操作平台，作业人员未挂设安全带。 (4) 工具随意摆放，焊线、焊把、焊条未捆绑。 (5) 焊接区域未搭设遮光板	(1) 所有电焊工应持证上岗，动火作业前应办理动火作业许可证，清理易燃物，下方不能移动的设备应覆盖防火毯，配备灭火器，监火人现场监督。 (2) 动火作业结束后，应查找动火区域四周是否有火星，及时将危险源消除后方可离开现场。 (3) 搭设焊接专用平台，确保人员安全上下；挂点应经验收合格，督促作业人员把安全带挂在牢靠的挂点上。 (4) 高处作业的工具、材料要放置稳妥，使用的工具要系安全绳，用后放入工具袋内，严禁上下抛掷物件以防止高空坠物砸伤他人。作业前将焊线、焊把用麻绳拴牢，焊条摆放在平台的中间。 (5) 焊接区域必须搭设遮光板，防止弧光伤害他人	 高空焊接

续表

序号	风险点	风险分析	管控措施	相关图例
6	管道试压	(1) 未编制专项施工方案，未进行交底。 (2) 试压前未对法兰盖进行检查。 (3) 试压区域未设置警示标志。 (4) 气体伤人：试压时未设立专门的管道试压小组，实行统一指挥。 (5) 试压期间违规操作。 (6) 试压过程中排气口站人	(1) 根据施工现场实际，编制试压专项施工方案，试压前技术人员需熟悉本方案，并应向施工人员交底，坚持“安全第一，预防为主”的原则。 (2) 试压用法兰盖应符合试压要求。试压前，应详细检查法兰盖加设情况，使用的压力表要确保精度符合要求，具备试压条件时方可进行试压工作。 (3) 试压区域设置警戒区域，悬挂警示标志牌，配专人监护，非工作人员严禁在试压期间进入试压区域；在试验压力超过设计压力时，试压人员不得靠近试验区域。 (4) 设立专门的管道试压小组，实行统一指挥，试压操作人员应了解试压的管段并有实际操作经验，安排人员分段负责，试压时来回巡视；负责人员每人要配备一台对讲机，保证通信畅通，信息及时反馈。作业完毕后各负责人员需清点各分段人员。 (5) 试压过程中应避免强烈冲击试压管道。焊缝泄漏处补焊必须将管道泄压，按正常的返修方法进行修补，严禁在带压的情况下进行修补和敲打。 (6) 系统在泄压过程中设专人监护以便及时提醒无关人员远离排气口，排气口尽可能选择在无人区域，排气口要加固牢靠。排气前要确保周围无人、无未固定的其他小型部件及零乱杂物后方可开阀排气（操作人员开阀时不要正对排气口）	 管道试压

续表

序号	风险点	风险分析	管控措施	相关图例
7	给排水管道冲洗	(1) 未编制专项施工方案，未进行交底。 (2) 冲洗区域未设置警示标志。 (3) 冲洗时未设立专门的管道冲洗小组，实行统一指挥。 (4) 冲洗期间排水不及时，未及时清理水中异物。 (5) 冲洗期间违规作业	(1) 根据施工现场实际，编制给排水管道冲洗专项施工方案，冲洗前向施工人员交底。 (2) 冲洗区域设置警戒区域，悬挂警示标志牌，配专人监护，非工作人员严禁进入冲洗区域。 (3) 冲洗时成立专门的管道冲洗小组，实行统一指挥。 (4) 冲洗期间积水应及时排出，避免造成内涝。 (5) 管道冲洗出来的异物应及时清理，避免再次进入管内，造成设备损坏。 (6) 冲洗期间严格按照施工方案进行作业	 管道冲洗
8	氮气、压缩空气管道吹扫	(1) 未编制专项施工方案，未进行交底。 (2) 未设置警示标志，吹扫区域内无专人监管。 (3) 吹扫前管道支架的焊接工作未完成。 (4) 不能进行吹扫的仪表、设备未采取隔离措施。 (5) 吹扫排放口未警戒。 (6) 更换靶板时未停气	(1) 编制吹扫专项施工方案并审批，吹扫前向施工人员交底。 (2) 吹扫区域应设置相应的警示标志。 (3) 吹扫前检查管道支架是否安装规范，无漏装、错装现象。 (4) 在吹扫前，确认吹扫管道与其他工艺管道隔离的阀门及法兰盖等措施，严格执行上锁挂签制度。 (5) 管道吹扫排放口用防护栏杆进行隔离，防止吹扫介质伤人。 (6) 更换靶板需要办理工作许可证，确认安全作业条件，否则严禁作业，作业过程中设置专人看护	 靶板

续表

序号	风险点	风险分析	管控措施	相关图例
9	蒸汽管道吹扫	(1) 未编制专项施工方案,未进行交底。 (2) 吹扫区域未设置警示标志,无专人监管。 (3) 吹扫前固定支架及滑动支架的焊接工作未完成。 (4) 不能进行吹扫的仪表、设备未采取隔离措施。 (5) 蒸汽管道吹扫前管道未进行暖管。 (6) 吹扫主管道时未对支管道的阀门开闭情况进行检查	(1) 编制吹扫专项施工方案并审批,吹扫前向施工人员交底。 (2) 将吹扫现场与其他施工作业区域区分开,并设置相应的警示标志。 (3) 吹扫前,按照图纸要求对管道的固定支架及滑动支架的焊接情况进行检查。 (4) 严格执行隔离措施。在吹扫前,确认吹扫管道与其他工艺管道隔离的阀门及法兰盖等措施,严格执行上锁挂签制度。 (5) 蒸汽管道采用蒸汽吹扫,暖管必须缓慢并及时疏水,防止发生水击现象,安排专人巡视整条管线,仔细观察管道支架、固定装置、膨胀节情况,有严重变形时立即停止暖管和吹扫,以免引起重大事故。 (6) 吹扫前蒸汽主管道要引到室外,并且吹扫口朝上,支管道吹扫管引到远离开启阀门的排水沟或集水坑内,吹扫口朝下	 蒸汽管道吹扫
10	管道保温	(1) 未对作业人员进行安全技术交底。 (2) 脚手架搭设未组织验收就投入使用。 (3) 无作业人员安全通道。 (4) 安全带挂点不牢固	(1) 对作业人员进行安全技术交底后方可施工。 (2) 脚手架按照审批的施工方案搭设,经验收合格,并挂验收牌后方可投入使用。 (3) 作业人员安全通道应畅通,经验收合格后方可投入使用。 (4) 安全带挂点应牢固可靠,做到高挂低用	 作业人员安全通道

（五）耐火材料安装

序号	风险点	风险分析	管控措施	相关图例
1	耐火材料吊装：环形吊盘	(1) 环形吊盘水平度不符合要求，导致电动葫芦运行不平稳、吊盘晃动。 (2) 环形吊盘上荷载不均匀。 (3) 环形吊盘未设保护绳，或保护绳强度不足，吊盘坠落。 (4) 环形吊盘晃动。 (5) 钢丝绳断裂	(1) 环形吊盘水平度应符合要求。 (2) 环形吊盘上荷载应均匀布置，避免集中在一端。 (3) 按方案设置吊盘保护绳，经验收合格后使用。 (4) 按方案布置吊点和炉壳上固定点，使用过程中定期检查。 (5) 对进场钢丝绳进行现场检查，保证使用合格产品；按方案选择合适的钢丝绳，使用前对钢丝绳进行检查，不符合要求的不使用	 环形吊盘
	耐火材料吊装：物体打击	(1) 环形吊盘与冷却壁之间的间隙未封闭。 (2) 炉顶煤气封罩临边未安装挡板	(1) 炉腹保护棚环形吊盘与高炉冷却壁之间的间隙采用木楔固定，用木板、薄钢板等进行临时遮盖。炉顶作业环形吊盘临边及洞口处设置踢脚板，防止杂物掉落。 (2) 高炉炉顶煤气封罩各专业作业时，使用的环形吊盘临边及洞口应增设踢脚板，防止杂物掉落	 炭砖吊装
	耐火材料吊装：机械伤害	(1) 作业人员无证操作叉车，夜间施工无照明。 (2) 叉车无专人管理。 (3) 未划定叉车运输路线，未警戒	(1) 作业人员应持证驾驶叉车，夜间施工应有足够的照明。 (2) 叉车应有专人管理，无关人员禁止动用。 (3) 叉车在划定路线运输耐火材料过程中，应注意周边环境，防止车辆伤害	 叉车

续表

序号	风险点	风险分析	管控措施	相关图例
2	喷涂：窒息	(1) 未办理有限空间作业审批手续。 (2) 作业区域邻近阀门未开启。 (3) 未设置通风装置。 (4) 未定期定时监测环境氧气浓度。 (5) 有限空间作业无专人监护	(1) 进入上升管、下降管、重力除尘筒体、热风管道等有限空间作业应实施审批制度。 (2) 实行作业前尽量将临近的人孔、阀门处于开启状态。 (3) 有限空间作业前，必要时应进行通风置换，并限制连续作业时间。 (4) 进入有限空间作业前检测氧气浓度，如不达标应立即撤离现场。 (5) 有限空间作业期间必须有专人监护	 热风管道喷涂
	喷涂：高处坠落	(1) 脚手架未验收。 (2) 安全绳固定不规范。 (3) 进出管道的安全爬梯未验收。 (4) 安全带使用不规范	(1) 进入作业部位的脚手架应经过验收合格。 (2) 安全绳设置应牢固、可靠。 (3) 上升管、下降管等有限空间高处作业，管道内人员上下的安全爬梯焊接应牢靠。 (4) 高处作业必须配备安全带，且应高挂低用	 脚手架验收
	喷涂：触电	(1) 电源线破损。 (2) 电源长度不足，随意拉扯引起触电。 (3) 未使用安全电压	(1) 电源线破损处应及时用绝缘胶带包裹严密。 (2) 电源线的长度应满足有限空间的最大作业高度需求。 (3) 有限空间照明电压应小于或等于 24 V	 破损电源线处理

续表

序号	风险点	风险分析	管控措施	相关图例
3	耐火浇注料施工：高处坠落	渣铁沟两侧无安全护栏	渣铁沟两侧应设置临时安全护栏，禁止用红白绳替代	 临时安全护栏
	耐火浇注料施工：机械伤害	(1) 泥浆搅拌机、切砖机没有保护罩。 (2) 机械伤害：无专人操作。 (3) 未停电检修	(1) 施工机械必须确保安全，保护罩、保护帽等防护措施应齐全。 (2) 使用用电应有专人负责，无关人员禁止动用。 (3) 施工机械检修前应先切断电源，检修期间应有专人监督，并挂检修警示牌	 切砖机保护罩

（六）电气设备安装

序号	风险点	风险分析	管控措施	相关图例
1	电气设备吊装	（1）吊装作业人员未持证作业。 （2）起重机械及吊索具未验收。 （3）起重机械作业场地的地基承载力未验收	（1）吊装作业人员应持证上岗，明确、统一吊装指挥信号，坚持“十不吊”原则。 （2）起重机械及吊索具吊装前应严格检查验收。 （3）起重机械作业场地的地基承载力应经验收合格，起重机械选择与方案一致	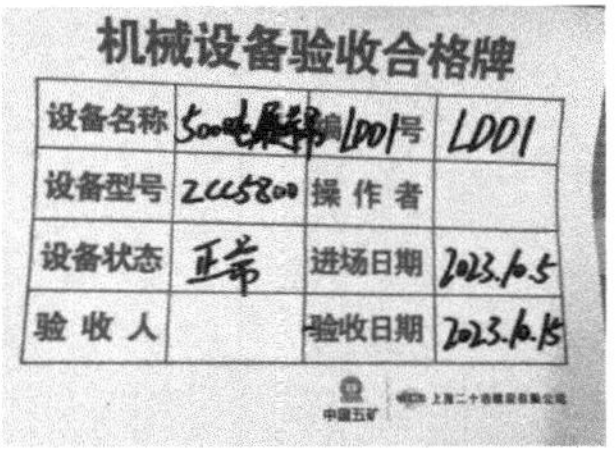 设备验收
2	电气设备安装	（1）配电柜起吊、搬运、安装过程中野蛮施工，造成人员伤害和设备损坏。 （2）电动工具使用绝缘不合格，违规使用导致触电、设备损坏和机械伤害	（1）严格按照专项施工方案进行施工和监察，加强班前教育，过程中设专人监护。 （2）对电动工具进场进行验收，经验收合格后方可使用，定期对用电设备检修，平时认真维护，使用前仔细检查	 高压配电柜安装

续表

序号	风险点	风险分析	管控措施	相关图例
3	焊接	(1) 未对待焊设备进行验收。 (2) 未做到“一机一闸”，接地不规范，专职电工未巡检。 (3) 未办理动火作业许可手续，易燃物未清理。 (4) 电气室未按照防火重点部位管理	(1) 施工前对待焊设备进行验收，验收合格后，进行书面记录和合格证张贴。 (2) 用电设备做到“一机一闸一电一箱”，接地良好。由专职电工做好每日用电检查。 (3) 施焊前，办理好动火作业许可证，清理易燃物，配备灭火器、隔火毯等。 (4) 电气室按照防火重点部位管理，设专人管理，实行进出人员登记制度，无关人员不允许进入	 铺设隔火毯
4	电缆敷设	(1) 施工前未进行交底。 (2) 高处作业人员未体检就上岗。 (3) 安全绳设置不合理。 (4) 安全带使用不正确。 (5) 安全设施未验收，高处作业过程无人监护	(1) 施工前，由专职安全员和技术员对施工人员做好三级安全教育和安全技术交底。 (2) 高处作业人员应体检合格，患有恐高症、心脏病等疾病的人员不得进行高处作业。 (3) 安全绳可采用不小于 ϕ12 mm 镀锌钢丝绳，使用专用扣件紧锁，固定挂靠点应牢靠。 (4) 施工人员使用五点式安全带，且应高挂低用。 (5) 执行电缆高空敷设作业审批制度，敷设前对安全设施组织验收，敷设过程设专人全过程监护	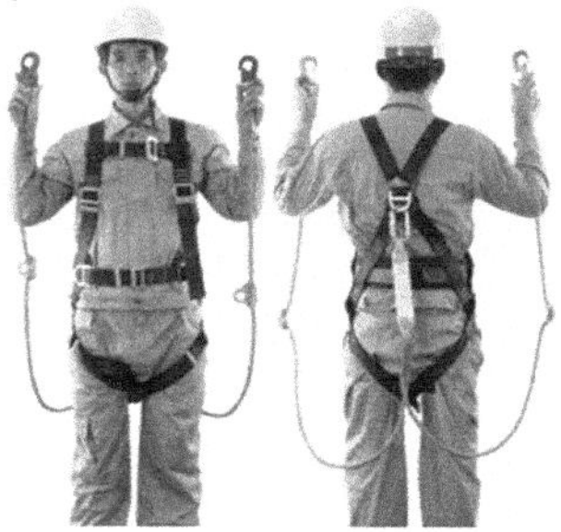 五点式安全带

（七）设备单体试车

序号	风险点	风险分析	管控措施	相关图例
1	单体试车：设备损坏	(1) 转动部位螺栓未紧固到位。 (2) 电动转动设备前未先手动盘车。 (3) 未注入润滑油脂	(1) 单体试车前逐一检查各个部位的螺栓是否紧固到位，并清除周边障碍物。 (2) 电动转动设备前，先手动盘车 3～5 圈，确保转动无卡阻，方能送电动作。 (3) 齿轮箱、转动部位润滑点，检查齿轮油、干油等是否按照要求加注，检查合格后才能送电动作	 设备单体试车
	单体试车：机械伤害	(1) 试车区域未设置警示标志。 (2) 未按设备安全技术操作规程操作。 (3) 人员站在设备动作路线内，转动部位没有安全防护罩。 (4) 无专人统一指挥。 (5) 未停机就处理设备问题。 (6) 皮带机调试时监护人员少，出现问题未能及时处理。 (7) 信息沟通不及时	(1) 试车区域应设置警示标志，无关人员不得进入试车区域。 (2) 严格按照设备的安全技术操作规程操作，禁止违章操作。 (3) 试车前，要了解各个设备的动作方式，不要站在动作路线以内，转动部件的防护罩须安装完成。 (4) 组织试车小组，明确个人任务，并有专人指挥，所有试车动作指令均由指挥发出。 (5) 处理设备问题时应先切断电源并挂牌，设专人看守，以防误操作。 (6) 皮带机调试时清退无关人员，并在头部、尾部、驱动室、重锤处分别派人监护，如出现皮带跑偏等情况立即启动紧停开关，确保设备安全。 (7) 对转动部位要进行测温，发现异常情况用对讲机告知试车发令人，在处理问题的应停电挂牌	 设备调试

续表

序号	风险点	风险分析	管控措施	相关图例
1	单体试车：高处坠落	(1) 高处作业未正确使用安全带。 (2) 安全带挂点不牢固。 (3) 梯子梯脚支撑场地不坚实，上部未固定。 (4) 作业人员酒后作业	(1) 处理试车问题时高处作业应佩戴安全带，检查安全带(绳)是否完整，安全带应高挂低用、扣好保险钩。应使用双钩安全带，禁止使用单钩安全带。 (2) 确保安全带(绳)固定点牢固可靠。 (3) 使用梯子作业时，梯脚支撑场地应坚实，严禁垫高使用。上端应有固定措施，下面有防滑措施，立梯工作角度以75°为宜。 (4) 作业人员酒后严禁作业	 主皮带机单体试车
	单体试车：触电	(1) 未按设备使用说明书操作。 (2) 电气操作人员未持证上岗。 (3) 设备检修时未停电挂牌	(1) 严格按照设备使用说明书或操作规程操作设备。 (2) 施工人员处理电气问题时，要持有电工职业资格证。 (3) 处理试车问题时应先切断电源，电箱开关挂警示标志牌，并安排专人看守	 鼓风机单体试车

续表

序号	风险点	风险分析	管控措施	相关图例
2	高炉烘炉：烫伤	(1) 烘炉准备条件不充分。 (2) 安全应急通道标识不清。 (3) 高温部位未进行标识、隔离	(1) 烘炉前应确保炉墙符合规范要求、保温完成、内部杂物已清理，设备内部需避免高温的部分已通水、通气，耐火材料已自然通风干燥，烘炉系统已与其他系统隔离，膨胀指示器已安装、已归零。 (2) 烘炉所用设备均调试校验完成，烘炉所需燃料、水电气均供应到位，现场安全警示和其他安全设施已符合要求。 (3) 高炉炉体、上升管道等高温部位设置警示标志，人员不得靠近	 高炉烘炉
	高炉烘炉：煤气中毒	(1) 煤气报警器未验收确认。 (2) 作业人员数量不足，未检测现场环境煤气浓度。 (3) 人员站位不正确，未穿戴劳动防护用品。 (4) 未办理煤气区域动火作业许可证	(1) 应对煤气报警器及空气呼吸器严格检查，确保仪器运作正常。 (2) 作业人员必须配备好煤气报警器与空气呼吸器，检修前先检测检修点的煤气浓度，合格后开始作业。 (3) 作业人员应处于上风口，一人作业，一人进行安全监护。对于煤气浓度超标的区域，必须佩戴好空气呼吸器，做好安全监护。 (4) 煤气区域要进行动火作业时，必须办理好动火作业许可证，经煤气防护站检验合格、双方确认后，方可进行动火	 煤气检测

（八）煤气管道安装

序号	风险点	风险分析	管控措施	相关图例
1	煤气管道安装	(1) 作业前未进行交底。 (2) 煤气置换完成未进行确认。 (3) 作业时间超标，人员未及时撤离。 (4) 煤气区域无警示标志	(1) 作业前应进行交底。 (2) 煤气置换完成经三方(建设方、监理方、施工方)书面确认合格。 (3) 作业时间控制应符合要求。 (4) 煤气区域应进行隔离，设置警示标志，无关人员不得入内，作业人员在作业区域内休息。 (5) 作业人员佩戴煤气检测仪，随时检测煤气浓度	 煤气区域警示标志
2	煤气管道焊接	(1) 未办理动火作业许可证。 (2) 动火作业前未清理易燃物。 (3) 动火作业未配备灭火器。 (4) 无专人监火。 (5) 动火结束未进行确认无火星即离开	(1) 所有动火作业须办理动火作业许可证，通过审批后方可作业。 (2) 动火前应清理易燃物。 (3) 动火作业配备灭火器。 (4) 动火作业设专人监火。 (5) 动火结束确认无火星，方可撤离	 煤气管道焊接

（九）拆除工程

序号	风险点	风险分析	管控措施	相关图例
1	设备、管道拆除	(1) 设备拆除前未确认断电、煤气置换等。 (2) 煤粉未清理彻底。 (3) 容易着火的设备未先拆除。 (4) 未编制拆除专项施工方案，方案未进行交底，现场地基未处理。 (5) 与设备连接的管道、电缆未拆除，工艺管道拆除前未检测气体含氧浓度。 (6) 未试吊，吊装时起升速度过快，吊装区域未警戒。 (7) 未按有限空间作业进行管理。 (8) 人员的安全通道有安全隐患未警戒	(1) 炉顶料罐、鼓风机、压缩机、皮带机等设备拆除前由技术人员和专职安全员确认已断电、煤气罐内煤气已置换完成、填料已清除等。煤气置换完成经三方书面确认合格。 (2) 拆除前再次开启氮气或蒸汽吹扫生产煤粉；接专用水对煤粉仓进行冲洗。 (3) 先拆除容易着火的设备，包括除尘布袋、皮带、电缆。 (4) 拆除方案编审完成，由技术人员或项目总工对施工人员进行安全技术交底，并对现场起重条件（吊装地基处理、作业半径等）进行确认。 (5) 设备拆除前对管道、电缆等附属设施进行拆除，确保无连接。工艺管道拆除前必须使用洁净空气进行置换，在各管道出口处使用氧气检测仪检测含氧量，经业主、施工方共同确认合格后方可进行施工，确保切割过程中不会发生窒息、爆炸等现象。 (6) 设备、管道拆除吊装时，要进行试吊，确保无附着物连接，整个过程由起重工严格按照缓慢吊装，逐步加载的方式进行吊装，不得一次性达到起重重量，避免因有附着物造成起重机侧翻。吊装区域设置硬围护，吊装严格遵守“十不吊”规定。 (7) 洗涤塔内填料、水冷塔内填料清理属于有限空间作业，专职安全员和技术员应全过程旁站。 (8) 对安全通道进行实地查看、确认，对通道材料锈蚀严重区域应设置警示标志，严禁人员通行	 高炉拆除

续表

序号	风险点	风险分析	管控措施	相关图例
2	高炉放残铁	(1) 未配备除尘风机。 (2) 残铁解体烟气排放集中,未采取措施。 (3) 粉尘扩散时未使用雾炮	(1) 残铁排放时应开启除尘风机。 (2) 残铁在堆场解体时应使用排风机。 (3) 粉尘扩散时应使用雾炮	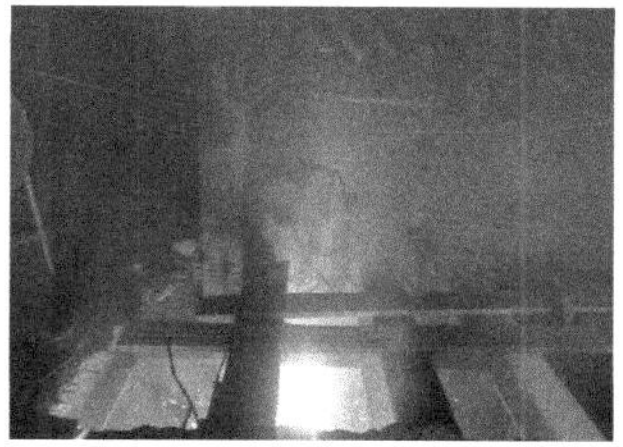 高炉放残铁

三、案例分析

(一) 吊盘坍塌事故

1. 事故经过

2021年2月24日凌晨,某炉窑公司员工马某宁、臧某侠、张某全、魏某广受公司指派,在某钢铁公司$2^{\#}$高炉炉膛内,使用2套自制的钢丝绳升降系统进行炉内清理作业。吊盘上升至距高炉二层炉底料面约19 m处时,随即连接主升降系统钢丝绳的绳夹崩裂、承载钢丝绳从固定端处脱落,吊盘失去悬挂支撑向下坠落,吊盘上4名作业人员的安全防护绳索被扯断,随后吊盘从高处坠落。事故导致3人死亡,1人受伤。

2. 原因分析

(1) 直接原因

① 炉窑公司自制钢丝绳升降系统未按规定设置起升高度限位、过电流保护等安全保护装置,钢丝绳固定不规范,导致吊盘持续上升过程中主升降系统过卷扬,钢丝绳绳夹崩裂,承载钢丝绳从固定端处脱落,吊盘失去悬挂支撑发生坠落。

② 炉窑公司防坠器配置数量、防坠器安全绳规格不符合规范要求,作业人员的安全带与副钩(安全防护装备挂钩)未可靠连

接，吊盘发生坠落时安全防护装备未起到保护作用，导致作业人员随着吊盘发生高处坠落。

（2）间接原因

① 炉窑公司：违反与钢铁公司签订的安全协议规定，未严格落实施工方案讨论会议记录要求，未经高处作业审批擅自实施炉内高处作业；未建立安全生产管理制度和安全操作规程，未按规定对从业人员进行安全教育培训，安排未取得高处作业资质的人员进行高处作业，未落实事故隐患排查治理和高处作业审批；未落实安全施工方案要求“双刹车、双限位”的安全措施，施工方案未明确钢丝绳升降系统高度限位的操作要求，导致作业人员操控主升降系统持续上升、过卷扬。

② 钢铁公司：2# 高炉炉膛清理外委施工项目招投标时由该公司设备部全权负责，对投标单位的资质、生产能力和安全条件审查、核实不到位，导致项目发包给不具备安全生产条件的炉窑公司；对外包单位安全管理不到位，对承包单位的安全生产进行统一协调、管理不到位，未安排专门人员进行现场安全管理，未及时发现炉窑公司违反安全协议行为，未有效督促炉窑公司落实高处作业、检维修作业审批制度；2019 年以来厂区内发生 3 起外包企业作业一般生产安全事故，该公司未能深刻汲取事故教训，虽然制定了外包企业安全生产管理制度，但落实外包企业安全生产管理制度不严格，未能有效防止事故再次发生。

3. 事故责任追究

魏某波，炉窑公司法定代表人、主要负责人，对事故的发生负有直接责任，且未按法定时限、程序进行事故报告，由司法机关进一步调查处理。

耿某跃，炉窑公司 2# 高炉炉膛清理外委施工项目夜班班组长，交班前未认真排查施工设备及人员作业资质等安全隐患，对事故的发生负有重要责任，责令炉窑公司按照相关规定给予严肃处理。

臧某侠，炉窑公司员工，高处作业未持证上岗，缺乏风险识别能力和相应的操作技能，坠落防护装备使用不规范，对事故发生负有一定责任，责令炉窑公司按照相关规定给予严肃处理。

王某文，钢铁公司法定代表人、总经理，全面负责钢铁公司各项管理工作，在事故发生前未有效督促、检查本单位的安全生产工作，对外包项目的安全监管不到位、把关不严，对事故的发生负有一定领导责任，建议由市应急管理局依照相关法律法规对其进行行政处罚。

（二）吊篮坍塌事故

1. 事故经过

2021 年 9 月 30 日，杨某斤、吕某富、依某发、李某华、李某生 5 人乘坐 2 号吊篮（发生事故的吊篮）准备到煤气柜顶部进行除锈作业，1 号吊篮先到达煤气柜顶部附近后，王某云做喷漆作业准备工作，2 号吊篮随后也运行到煤气柜顶部，随后 2 号吊篮向左倾斜，其中 2 人倾倒在吊篮的左侧边缘、3 人在吊篮中间，随后 5 人随同吊篮一起坠落至地面。该事故导致 5 人死亡。

2. 原因分析

(1) 直接原因

① 吊篮严重超员，按照《建筑施工工具式脚手架安全技术规范》(JGJ 202—2010)中第 5.5.8 条规定：吊篮内的作业人员不应超过 2 个，而事故发生时吊篮内作业人员有 5 个。

② 悬吊平台上升过程中因操作人员操作不当，导致悬吊平台左边(面向煤气柜)侧向护栏直接顶到煤气柜屋面挑檐底部，产生反作用力，进而增大工作钢丝绳的拉力，导致左边悬挂机构滑移、失稳，右边悬挂机构连同配重被巨大的拉力同时拉倒，吊篮瞬间倾覆坠落。

③ 未安装上限位块，上限位器失效。经事故现场勘查，上限位器左右各一个，与之配套安装的两个上限位块均没有安装。其中，左边(面向煤气柜)上限位器触点不能自动复位。

(2) 间接原因

① 吊篮出租单位无吊篮安装、拆卸和维护保养等资质证书，安排无资质的人员参与承租方对吊篮的组装、测试和维护保养；未按合同约定全程指导承租方进行吊篮安装。

② 煤气柜防腐工程承包单位履行安全生产管理职责不到位，整体转包工程；未对危险性较大工程实施专项巡查、检查，缺乏专人现场安全监督；对施工资质、专项施工方案和进场人员持证情况审核、把关不严。

3. 事故责任追究

梁某聪，煤气柜防腐工程施工单位经理。未落实安全生产主体责任，未全面督促、检查该工程的安全生产工作，对事故发生负有重要领导责任。建议由州应急管理局依据《中华人民共和国安全生产法》(以下简称《安全生产法》)相关规定给予行政处罚。

杨某杰，煤气柜防腐工程承包单位副总经理。未认真履行安全职责，同意将煤气柜防腐工程项目承包给煤气柜防腐工程施工单位的会议决策上把关不严，对事故发生负有主要领导责任。建议由州应急管理局依据《安全生产法》相关规定给予行政处罚。

丁某海，煤气柜防腐工程承包单位检修工程部经理。未认真落实项目安全生产管理职责，对施工方资质、人员持证情况和专项施工方案审查把关不严，对事故发生负有责任。建议由州应急管理局依据《安全生产法》相关规定给予行政处罚。

陈某杰，煤气柜防腐工程承包单位安环部部长。未认真履行安全生产岗位职责，对承包合同和安全生产、消防安全管理协议执行督促检查不力，对事故发生负有责任。建议由州应急管理局依据《安全生产法》相关规定给予行政处罚。

杨某硕，煤气柜防腐工程发包单位项目负责人，因涉嫌重大责任事故罪，已于 2021 年 10 月 4 日移送市公安局进行立案侦查，10 月 18 日市检察院批准逮捕。

孙某云，煤气柜防腐工程组织施工劳务承包人，因涉嫌重大责任事故罪，已于 2021 年 10 月 4 日移送市公安局进行立案侦查，10 月 18 日市检察院批准逮捕。

（三）炉膛内衬坍塌事故

1. 事故经过

2022 年 3 月 11 日 14 时许，某铸造厂 6 名作业人员在高炉炉膛内清理爆破后的结渣过程中，负责具体组织炉内清渣作业的炉前技师陈某强发现高炉炉腰上部（出铁口方向）内衬有一炉瘤，不听他人劝告，独自爬上铁梯，用钢钎去撬除炉瘤，并叫李某生到炉外人孔位置进行观察。在陈某强撬除炉瘤过程中，引发高炉上部已被严重破坏的炉膛内衬（耐火砖）大面积坍塌（坍塌的炉膛内衬约 92 t，其中耐火砖约 88 t、耐火泥约 4 t），造成炉内检修安全保护平台坍塌，将陈某强在内的 5 名正在炉内作业的人员当场掩埋。事故导致 3 人死亡，2 人受伤。

2. 原因分析

（1）直接原因

在爆破公司实施高炉结渣爆破造成炉腹部位内衬大面积坍塌，使炉腰以上大部分内衬悬空，导致严重安全隐患的情况下，铸造厂组织炉内清渣作业，负责具体组织炉内清渣作业的炉前技师陈某强，不顾当班人员劝告，贸然用钢钎撬除炉腰上部内衬上的炉瘤，引发高炉上部已被严重破坏的炉膛内衬大面积坍塌。

（2）间接原因

① 相关从业人员安全意识淡薄。

② 有限空间作业等安全管理不到位。

③ 隐患排查治理不彻底。

④ 生产经营项目外包安全管理不到位。

3. 事故责任追究

田某，铸造厂厂长，主持厂内全面工作。对事故的发生负有重要管理责任，涉嫌重大责任事故罪，建议移交司法机关依法追究其刑事责任。

彭某，爆破公司项目经理。项目安全管理不到位，未认真编制本次结渣爆破工程项目的爆破设计方案，所编制的爆破设计方案安全缺陷严重，涉嫌重大责任事故罪，建议移交司法机关依法追究其刑事责任。

尚某，铸造厂副厂长，分管全厂安全生产、环保工作。对事故的发生负有主要管理责任，涉嫌重大责任事故罪，建议移交司法机关依法追究其刑事责任。

苗某壮，铸造厂董事长、对事故的发生负有重要管理责任，建议市应急管理部门按照《安全生产法》相关规定，对其处上一年年收入 60%的罚款。

付某畅，爆破公司法定代表人、总经理、技术负责人。对事故的发生负有重要管理责任，建议市应急管理部门按照《安全生产法》相关规定，对其处上一年年收入 60%的罚款。

田某，铸造厂总经理。对事故的发生负有重要管理责任，建议市应急管理部门按照《安全生产法》相关规定，对其处上一年年收入 60%的罚款。

汪某，铸造厂法定代表人、铸造厂副厂长，分管保卫、后勤、办公室、基建工作。对事故的发生负有重要管理责任，建议市应急管理部门按照《安全生产法》相关规定，对其处上一年年收入 60%的罚款。

建设工程施工安全管控丛书

冶金工程施工安全
管控指南

烧结工程篇

李欣 / 主编
石军胜　马如建　吕宏　张银锋　李俊峰　王一飞 / 副主编

中国矿业大学出版社
· 徐州 ·

烧结工程篇

主要起草人：熊民辉、阳代茂、陶浩、庞迎新、裴青峰、刘沪东、崔子越、石洋磊、曹克、张风庆、赵建波、储韧

主要审核人：宋益东、史卫东、马振宇、余宏、王立超、席春生、张青、王勇

目　录

烧结工程篇

一、烧结工程概述

（一）烧结工程工艺介绍及特点

1. 工艺介绍

高炉炼铁所使用的主要原料是烧结矿。烧结是将各种粉状含铁原料，配入适量的燃料和熔剂，加入适量的水，经混合和造球后在烧结设备上使物料发生一系列物理化学变化，将矿粉颗粒黏结成块的过程。

含铁原料是由粉矿、筛下粉和杂料组成的多种原料经原料场预配料混匀中和工艺处理后，形成的混匀矿。燃料主要为无烟煤和碎焦。熔剂主要为石灰石、蛇纹石、白云石和生石灰。

烧结工程主要生产系统包括原料、熔剂、燃料受料系统，燃料破碎系统，配料、混合系统，烧结、冷却系统（含机头电除尘器、主抽风机室），烧结矿整粒筛分系统，成品取样室、检验室，返矿、铺底料输送系统，余热锅炉与余热发电系统，烧结烟气净化（脱硫、脱硝、制酸、废水处理等）系统，主烟囱，通廊、转运站，通风、供热设施，供配电设施，给排水设施，电气仪表检测及自动控制系统等。

2. 工程特点与难点

（1）露天作业多，受天气因素影响大。

烧结工程 80％工作量为露天作业，受天气因素影响大。一旦遭遇恶劣天气，如强风、暴雨、雷电等，作业可能会受到严重影响，甚至不得不暂停。这不仅影响工程进度，还可能对设备和人员安全构成威胁。

（2）设备、结构安装阶段，交叉点多、高处作业多，吊装风险大。

在设备、钢结构安装阶段，钢结构专业本身交叉点多、高处作业多，重大危险源较为集中；同时，要配合进行部分设备安装，如烧结室头部、粗碎室破碎机、细碎室破碎机、卸矿车、筛分室棒条筛等设备的各种料槽要同步与钢结构配合就位。这一阶段存在较大的高处坠落、物体打击、机械伤害、触电等风险，是安全管控的重点。

（3）框架结构多、立体交叉作业多、高处作业安全管控难度大。

烧结工程的烧结主厂房、脱硫脱硝系统、配料室、燃料系统、转运站、通廊、主电气楼、烟囱等建（构）筑物的高度基本均超过 25 m，各专业交叉作业多，安全风险较大。施工过程中必须采取可靠的安全防护措施，加大安全投入，加强安全监控，确保施工安全。

(4) 环保措施多,有限空间作业多,防止窒息是安全管控的重点。

烧结工程的环保措施包含电除尘、布袋除尘、重力除尘、脱硫脱硝、烟气净化等,施工过程涉及内部焊接、气密性试验等,施工人员长期在有限空间作业,有很大的窒息、火灾等风险。

(5) 场地小,工艺布置紧凑。

烧结工程施工相对于其他一般工程有着施工场地狭窄、工艺布置紧凑、不易安排施工的特点。在施工平面管理上,需根据烧结工艺特点,进行分区划片管理。从大的方面保证各个分区贯通,小的方面则保证分区内道路通畅。

(二) 烧结工程专项施工方案清单

烧结工程需编制的专项施工方案清单如下表。

序号	方案名称	方案类别	备注
1	项目临时用电专项施工方案	专项施工方案	
2	桩基工程专项施工方案	专项施工方案	
3	烧结冷却室深基坑专项施工方案	超危大工程专项施工方案	专家论证
4	主烟囱滑模专项施工方案	超危大施工方案	专家论证
5	配料室模板支撑系统专项施工方案	专项施工方案	
6	电气室井架专项施工方案	专项施工方案	
7	电气楼物料提升机拆装专项施工方案	专项施工方案	
8	烧结主厂房模板支撑系统专项施工方案	超危大工程专项施工方案	专家论证

续表

序号	方案名称	方案类别	备注
9	电除尘脚手架施工专项施工方案	专项施工方案	
10	塔吊安装、拆除专项施工方案	专项施工方案	
11	钢结构安装专项施工方案	专项施工方案	
12	金属压型瓦施工专项施工方案	专项施工方案	
13	主抽风机室钢结构安装专项施工方案	专项施工方案	
14	大型起重机安拆专项施工方案	专项施工方案	
15	脱硫脱硝解析塔吊装专项施工方案	专项施工方案	
16	点火炉耐材施工专项施工方案	专项施工方案	
17	钢烟囱耐材喷涂脚手架搭拆专项施工方案	专项施工方案	
18	主厂房行车安装专项施工方案	专项施工方案	
19	压力管道专项施工方案	专项施工方案	
20	电除尘管道安装专项施工方案	专项施工方案	
21	皮带通廊安装专项施工方案	专项施工方案	
22	烟囱吊装专项施工方案	专项施工方案	

二、编制目的及编制依据

（一）编制目的

为正确对烧结工程施工过程中易发生产安全事故进行风险辨识，并针对性地采取管控措施，特结合以往烧结工程安全管理经验，编写本篇。

（二）编制依据

(1)《中华人民共和国安全生产法》。

(2)《中华人民共和国消防法》。

(3)《中华人民共和国特种设备安全法》。

(4)《建设工程安全生产管理条例》。

(5)《危险性较大的分部分项工程安全管理规定》。

(6)《生产经营单位安全生产事故应急预案编制导则》(AQ/T 9002—2006)。

(7)《施工现场临时用电安全技术规范》(JGJ 46—2005)。

(8)《建筑施工高处作业安全技术规范》(JGJ 80—2016)。

(9)《建筑施工起重吊装工程安全技术规范》(JGJ 276—2012)。

(10)《建筑施工承插型盘扣式钢管脚手架安全技术标准》(JGJ/T 231—2021)。

(11)《建筑施工扣件式钢管脚手架安全技术规范》(JGJ 130—2011)。

(12)《建筑施工安全检查标准》(JGJ 59—2011)。

(13)《建筑施工塔式起重机安装、使用、拆卸安全技术规范》(JGJ 196—2010)。

(14)《施工现场机械设备检查技术规范》(JGJ 160—2016)。

(15)《液压滑动模板施工安全技术规程》(JGJ 65—2013)。

三、烧结工程常见风险及管控措施

（一）桩基施工

钻孔灌注桩（左）及预应力高强混凝土（PHC）桩（右）施工工艺流程示意图如下图。

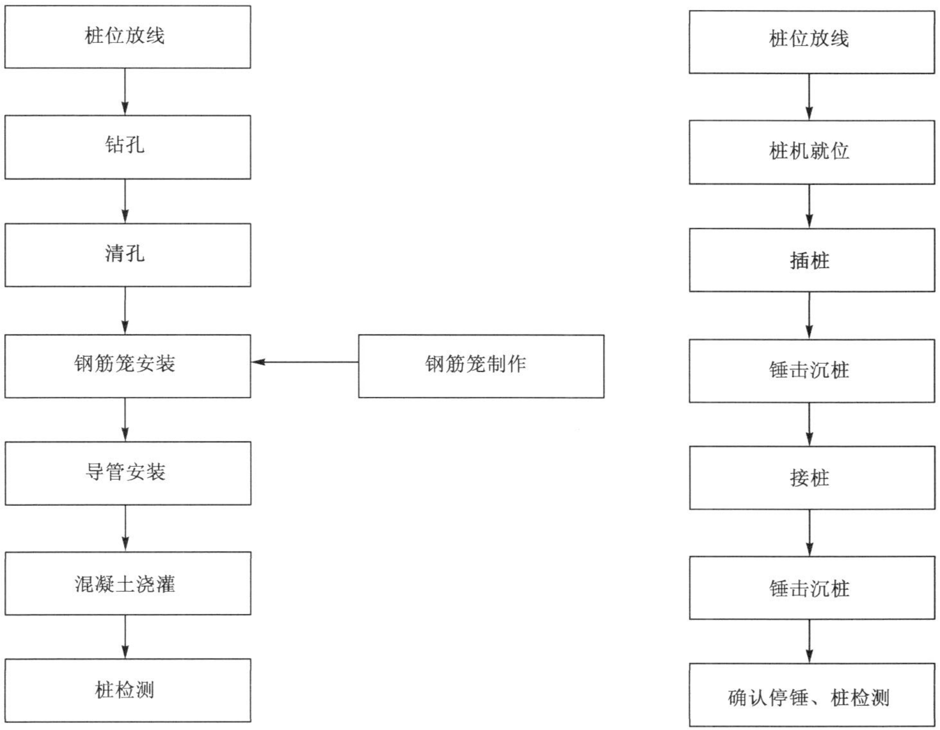

1. 钻孔灌注桩施工

序号	风险点	风险分析	管控措施	相关图例
1	桩机就位	(1) 未编制安全技术措施。 (2) 地基不平或承载力不够	(1) 应提前编制安全技术措施。 (2) 地基处理要坚实可靠,确保桩机施工过程中的稳定	 桩机就位
2	桩孔防护	(1) 混凝土灌注后未及时设置防护措施。 (2) 施工完成后,未及时回填桩孔	(1) 混凝土灌注完成后,应设置防护措施。 (2) 施工完毕应及时进行桩孔回填	 桩孔防护

续表

序号	风险点	风险分析	管控措施	相关图例
3	钢筋笼吊装	(1) 吊索具损坏。 (2) 无专人指挥吊装。 (3) 起重机支设不规范。 (4) 周边洞口未防护	(1) 吊装前检查吊索具，保证吊索具合格。 (2) 吊装作业应由专人指挥，指挥人员应持证上岗。 (3) 起重机站位合理，支腿全伸开，地基承载力符合要求。 (4) 周边洞口、临边应防护到位	 钢筋笼吊装
4	泥浆池	(1) 泥浆池防护措施不到位。 (2) 泥浆池未设置警示标志	(1) 泥浆池四周应设置围栏防护，并定期安排专人进行巡查，定期维护，发现问题及时进行修复。 (2) 泥浆池围栏上应设置醒目的警示标志	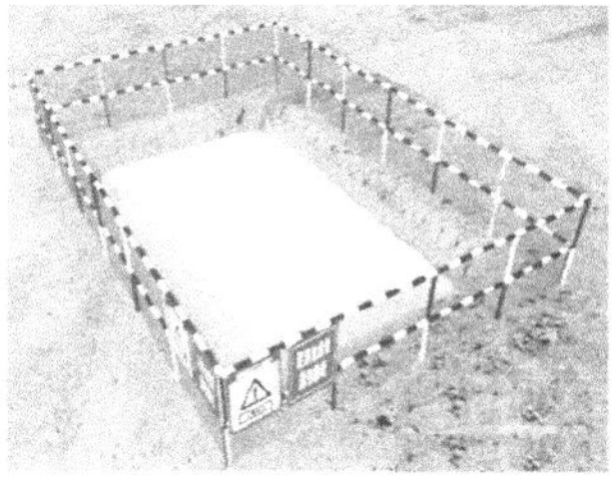 泥浆池防护
5	混凝土浇筑	(1) 混凝土罐车产生侧翻。 (2) 浇筑混凝土时洞口未设置防坠设施	(1) 地基处理要坚实可靠，确保混凝土罐车施工过程中的稳定。 (2) 周边洞口设置防护设施，施工人员挂设安全带	 混凝土浇筑

2. PHC 桩施工

序号	风险点	风险分析	管控措施	相关图例
1	设备进场	(1) 未编制专项施工方案并制定详细可行的安全技术措施。 (2) 未做到“三级配电二级保护”，未做到“一机一闸一漏”，未按要求进行接零保护，电气线路破旧磨损严重。 (3) 场地地坪松软未做处理或承载能力不足	(1) 编制专项施工方案并制定详细可行的安全技术措施。 (2) 按照三相五线制供电，做到“三级配电二级保护”，做到“一机一闸一漏”，按要求进行接零保护，及时更换破旧磨损严重的电气线路。 (3) 桩机应安装在平整、坚实的地面上，安装完成后，必须验收合格后方可使用	 桩机设备进场
2	施工作业	(1) 管桩吊装作业制动器、力矩限制器等安全装置失灵。 (2) 管桩捆绑不牢。 (3) 特种作业人员无证操作，违反“十不吊”规定	(1) 起重吊索具等装置应定期检查、更换。 (2) 起重吊装前检查安全设施有效情况，管桩绑扎牢固可靠。 (3) 起吊前应试吊，吊装过程中专人指挥；吊装区设置警戒区域，严格遵守“十不吊”规定	 管桩施工

续表

序号	风险点	风险分析	管控措施	相关图例
3	桩机移位	（1）场地承载强度不满足桩机施工要求。 （2）带锤行走时未将桩锤下落至最低点	（1）场地处理应满足桩机行走要求。 （2）桩锤下落至最低点后方可行走移位	 桩机移位
4	接桩作业	（1）接桩过程使用气焊，动火作业未制定防火措施，气瓶未采取防倾倒措施，与明火距离不足。 （2）作业人员未配备劳动防护用品	（1）动火作业应制定防火措施，气瓶应采取防倾倒措施，与明火保持充足安全距离。 （2）作业人员应配备劳动防护用品	 接桩作业

（二）基坑开挖作业

基坑开挖施工工艺流程示意如下图。

序号	风险点	风险分析	管控措施	相关图例
1	基坑开挖	(1) 基坑开挖未按专项施工方案执行。 (2) 基坑边缘堆载	(1) 编制专项施工方案,并严格按照专项施工方案要求施工。 (2) 加强现场巡查,基坑边缘严禁堆载,确保基坑工程安全	 基坑开挖
2	基坑防护	(1) 基坑防护措施不到位。 (2) 基坑未设置警示标志	(1) 基坑四周应设置围栏防护,定期安排专人进行巡查,定期维护,发现问题及时修复。 (2) 基坑周边应设置醒目的警示标志	 基坑防护
3	安全通道	(1) 未搭设人员上下安全通道。 (2) 施工人员不从施工通道进入施工场地	(1) 按照方案要求搭设人员上下安全通道。 (2) 严格要求施工人员从人员上下安全通道进出施工场地	 安全通道

（三）设备基础工程施工

设备基础施工工艺流程示意如下图。

测量放线 → 土方开挖 → 钢筋绑扎 → 模板安装 → 混凝土浇筑 → 模板拆除 → 土方回填

序号	风险点	风险分析	管控措施	相关图例
1	设备基础基坑开挖	(1) 未编制专项施工方案或方案未经审批。 (2) 降水、支护及土方开挖放坡未按方案执行	(1) 编制专项施工方案，并按要求进行审批。 (2) 支护、放坡应按方案要求执行	 设备基础基坑开挖
2	设备基础基坑防护	(1) 基坑周边未设置安全围栏或设置不到位。 (2) 未设置人员上下安全通道或设置不规范	(1) 基坑周边设安全围栏，二级放坡的基坑设两道安全围栏。 (2) 按标准设置人员上下安全通道	 设备基础基坑防护
3	基坑用电	(1) 未编制专项施工方案或方案未经审批。 (2) 未有专人进行检查、维护，存在违章用电现象	(1) 编制专项施工方案，并按要求进行审批。 (2) 每日安排专人对用电设施进行检查、维护，对不符合要求的用电设施进行标识，不得使用	 基坑用电

续表

序号	风险点	风险分析	管控措施	相关图例
4	设备基础防护	设备基础及设备洞口未设置临边防护	对高(深)度超过 1.5 m 的基础临边设置安全围栏，大于 2 m×2 m 的洞口覆盖防坠安全网	 设备基础防护

(四) 转运站及建筑物主体施工

转运站及建筑物主体施工工艺流程示意如下图。

测量放线 → 模板支撑系统搭设 → 模板安装 → 钢筋安装 → 预埋件安装 → 混凝土浇筑 → 模板拆除

1. 模板支撑系统

序号	风险点	风险分析	管控措施	相关图例
1	支撑架搭设不满足方案要求	(1) 无支撑架搭设专项施工方案。 (2) 支撑架方案未进行方案交底，作业人员及管理人员对方案理解不足	(1) 开工前，编制支撑架专项施工方案，并经审批后实施。 (2) 方案实施前对管理人员、作业人员进行方案交底并作交底记录，方案交底由项目总工程师组织，编制人员进行交底，安全员参加	 方案交底

续表

序号	风险点	风险分析	管控措施	相关图例
2	支撑架基础承载力不满足方案要求	(1) 立杆地基未夯实回填,承载力达不到方案要求。 (2) 立杆底部垫块材质、尺寸不符合方案要求	(1) 立杆位置地基须夯实,压实系数符合方案要求。 (2) 检查垫块材质、尺寸,满足方案要求	 支撑架基础
3	支撑架高宽比过大	支撑架高宽比大于 3.0 时未采取加固措施	支撑架高宽比大于 3.0 时,按方案要求采用抱柱等加固措施	 支撑架抱柱
4	支撑架材料不符合要求	(1) 支撑架材料不符合要求。 (2) 钢管壁厚未达到设计要求;钢管弯曲变形或锈蚀严重等外观不符合要求。 (3) 可调托撑质量不符合要求	(1) 钢管、扣件等材料进场须经第三方检测,满足要求方可使用。 (2) 对进场的钢管进行验收,实测壁厚,严禁使用壁厚不足、弯曲、开裂或严重锈蚀的钢管。 (3) 检查、验收可调托撑质量与合格证,可调托撑螺杆外径不小于 36 mm	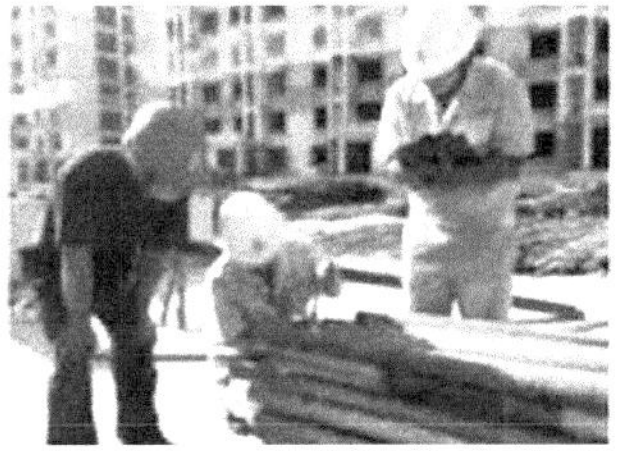 材料验收

续表

序号	风险点	风险分析	管控措施	相关图例
5	支撑架搭设不符合规范要求引起倒塌	(1) 立杆：下端未落地，上端未到顶，立杆倾斜，立杆未采用对接扣件连接，立杆间距不满足方案要求。 (2) 水平杆：步距或水平杆连接不满足方案要求。 (3) 可调托撑安装不符合要求。 (4) 模板大小梁安装不符合要求	(1) 立杆：立杆按方案要求搭设，保证上到顶、下落地，垂直度及间距应满足方案要求；除顶层顶步外，其余各层各步接头必须采用对接扣件连接。 (2) 水平杆：按方案要求搭设，其搭接长度不小于 1 m，不少于 3 个旋转扣件扣紧，单根杆长度不少于 3 跨。 (3) 按规范要求安装可调托撑。 (4) 模板大小梁应按方案要求安装	 可调托撑
6	未按方案、规范要求设置剪刀撑导致支撑体系不稳定	(1) 竖向剪刀撑未设置或间距过大，或竖向未连续设置。 (2) 水平剪刀撑未设置或间距过大。 (3) 剪刀撑与立杆、水平杆采用搭接或对接方式连接。 (4) 剪刀撑搭接长度不满足要求。 (5) 加强型剪刀撑搭设不满足要求	(1) 竖向剪刀撑：支撑架外侧四周设置，内侧则每隔 6～8 m 设置一道，由底至顶连续设置。 (2) 水平剪刀撑：当架体高度小于 8 m 时，在架体顶部设置一道连续水平剪刀撑。当架体高度大于或等于 8 m 时，在架体底部、顶部及竖向间隔不超 8 m 位置分别设置连续水平剪刀撑。 (3) 按规范要求搭设剪刀撑，宽度为 6～8 m，角度为 45°～60°。剪刀撑与相交的立杆、水平杆用旋转扣件连接牢固。 (4) 按规范要求搭设，搭接连接时搭接长度不小于 1 m，不少于 2 个旋转扣件。 (5) 加强型剪刀撑按方案要求搭设	 剪刀撑

续表

序号	风险点	风险分析	管控措施	相关图例
7	堆载集中	(1) 钢筋等材料堆放集中,局部荷载过大。 (2) 混凝土浇筑时集中浇筑或浇筑顺序不满足方案要求,使混凝土浇筑高度超过构件厚度。 (3) 施工机具集中堆放	(1) 材料应分散堆放,严格限制材料堆放高度或层数。 (2) 按照方案要求进行混凝土浇筑。 (3) 施工机具严禁集中堆放,应保持一定的距离	 模板上方不允许集中堆放物料
8	支撑架验收	(1) 在支撑架搭设过程中未检查,未及时纠正错误,导致未按方案进行搭设。 (2) 支撑架搭设完成后未进行联合检查验收。 (3) 支撑架搭设完成验收后未办理验收记录,未挂验收合格牌。使支撑架验收成为形式,支撑架搭设质量失控。 (4) 参加验收的人员专业技能不足,验收工作成为形式	(1) 自检:在支撑架搭设过程中检查,及时纠正错误,提高搭设质量。 (2) 联合检查:与监理(业主)联合检查,发现问题立即整改。 (3) 支撑架安全问题整改完成后验收,并填写验收记录,由班组、项目部、监理三方签字确认,并在架体上挂设验收合格牌。 (4) 验收人员由项目总工程师组织,由技术员、施工员、安全员、安全监理及作业班组长组成	 支撑架联合验收

续表

序号	风险点	风险分析	管控措施	相关图例
9	支撑架拆除	(1) 混凝土强度未达要求便拆除支撑架。 (2) 支撑架拆除未按方案实施，支撑架拆除顺序错误。 (3) 模板拆除未经技术负责人认可	(1) 明确模板拆除条件：当梁、板跨距大于 8 m 或悬挑构件，混凝土强度达设计强度的 100%；当板跨距在 2～8 m(不含 2 m)、梁跨距小于或等于 8 m 时，混凝土强度达设计强度的 75%；当板跨距小于或等于 2 m 时，混凝土强度达设计强度的 50%。 (2) 支撑架拆除应遵循“后支先拆，先支后拆”的原则，先拆除非承重部分，后拆除承重部分，并做到不损伤构件或模板，严禁支撑体系全部拆除后再拆除模板。 (3) 模板拆除前应向项目总工程师申请，审批通过后方可实施	 支撑架拆除前进行混凝土强度检测
10	支撑架搭设、拆除时安全措施不足	(1) 场地照明不足。 (2) 防暑降温措施不足。 (3) 作业人员未持证上岗，作业不规范。 (4) 支撑架搭设、拆除作业时未设警示标志。 (5) 高空抛物	(1) 支撑架搭设、拆除前场地照明满足施工要求，严禁摸黑作业。 (2) 要求作业人员随身携带防暑降温药品。 (3) 确保作业人员持证上岗，作业时安全员旁站，避免违章作业。 (4) 支撑架搭设、拆除作业时设警示标志或围挡。 (5) 严禁作业时高空抛物	 防坠落措施

2. 脚手架作业

序号	风险点	风险分析	管控措施	相关图例
1	扫地杆、立杆搭设不满足方案要求	(1) 扫地杆设置不满足规范要求。 (2) 立杆连接未采用对接扣件或搭接连接长度不足。 (3) 不同基础标高的立杆扫地杆连接长度不足	(1) 扫地杆距底部高度不大于 200 mm。 (2) 立杆接长除顶层顶步外,其余各层各步接头均必须采用对接扣件连接。立杆对接扣件应错开 500 mm,立杆搭接长度不应小于 1 m。 (3) 立杆基础不在同一高度上时,必须将高处的纵向扫地杆向低处延长两跨与立杆固定,高低差不应小于 1 m	 立杆及扫地杆
2	水平杆、脚手板搭设不满足要求	(1) 纵向水平杆长度不足。 (2) 纵向水平杆搭接长度不足,且连接方式错误。 (3) 主节点处横向水平杆设置不符合要求。 (4) 脚手板未满铺、铺稳、铺实	(1) 纵向水平杆单根杆长度不应小于 3 跨。 (2) 纵向水平杆搭接时,搭接长度不应小于 1 m 且不少于 3 个旋转扣件。 (3) 主节点处必须设置横向水平杆,并采用直角扣件扣接。 (4) 脚手板必须满铺、铺稳、铺实,并进行绑扎	 水平杆搭接
3	连墙件设置不满足要求	(1) 连墙件设置不符合规范及方案要求。 (2) 开口型脚手架连墙件设置不符合规范要求	(1) 连墙件设置按规范及方案要求设置。 (2) 开口型脚手架的两端必须设置连墙件,连墙件的垂直间距不应大于建筑物的层高,且不应大于 4 m	 脚手架抱柱

续表

序号	风险点	风险分析	管控措施	相关图例
4	剪刀撑设置不满足要求	(1) 剪刀撑间距大、未连续设置或剪刀撑宽度小、夹角不符合要求。 (2) 剪刀撑设置位置错误。 (3) 开口脚手架剪刀撑设置不符合要求	(1) 剪刀撑宽度不小于4跨且不小于6 m,与地面夹角45°～60°之间,剪刀撑应连续设置。 (2) 高度在24 m以下的单、双排脚手架,均必须在外侧两端、转角及中间间隔不超过15 m的立面上,各设置一道剪刀撑,并由底至顶连续设置;高度不小于24 m的双排脚手架外侧全立面连续设置剪刀撑。 (3) 开口脚手架在两端均必须设置横向剪刀撑	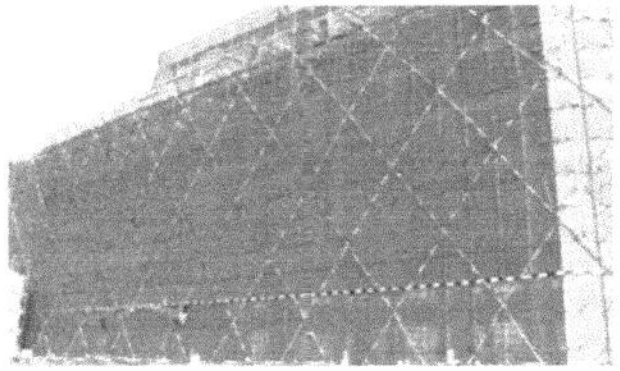 脚手架剪刀撑
5	斜道搭设不符合要求	(1) 斜道宽度、坡度不符合要求。 (2) 栏杆高度、挡脚板设置不符合要求	(1) 运料斜道宽度不应小于1.5 m,坡度不应大于1∶6;人行斜道宽度不应小于1 m,坡度不应大于1∶3。 (2) 栏杆高度应为1.2 m,挡脚板高度不应小于180 mm	 斜道搭设

3．其他作业

序号	风险点	风险分析	管控措施	相关图例
1	砌筑作业	（1）脚手架不符合安全使用要求，物料存放过多。 （2）高空抛物	（1）脚手架上堆放荷载不得超过 3 kN/m^2，砖侧放时不得超过三层。 （2）严禁作业时高空抛物	 砌筑作业脚手架
2	临边洞口	（1）安全防护措施不及时。 （2）防护措施不规范	（1）拆模后立即进行防护措施施工。 （2）对高（深）度超过 1.5 m 的基础临边设置安全围栏，大于 2 m×2 m 的洞口覆盖防坠安全网	 临边洞口防护

（五）混凝土烟囱施工(滑模施工)

混凝土烟囱施工工艺流程示意如下图。

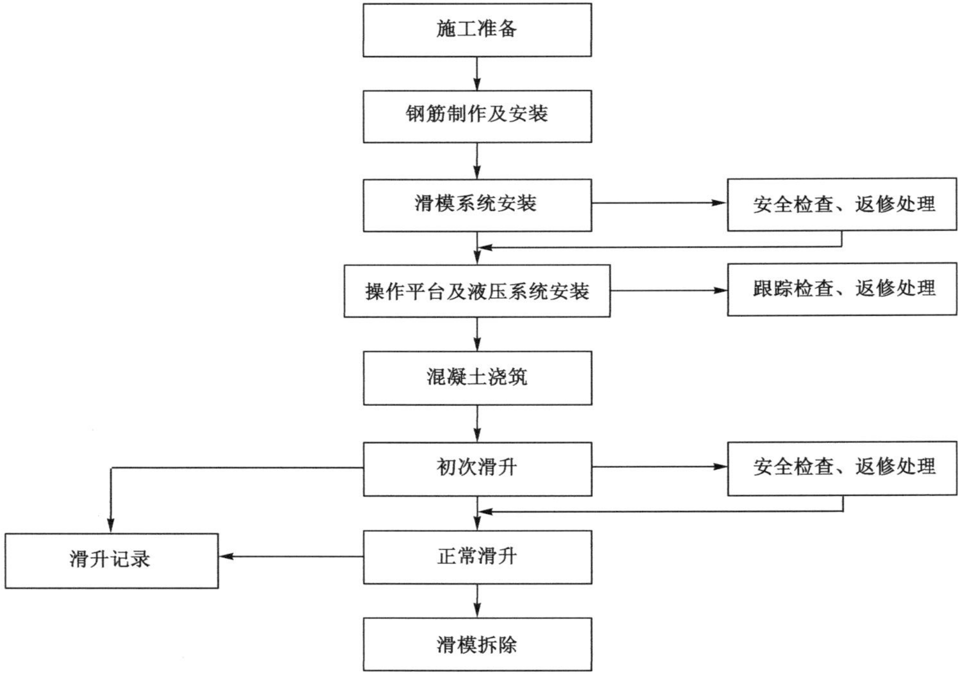

序号	风险点	风险分析	管控措施	相关图例
1	操作平台安装	(1) 施工方案、安全技术措施没有经过审批，作业未交底或交底不详细，无专人指挥、专人监护。 (2) 危险区域无警示标志，无监护人，非施工人员进入现场。 (3) 平台上无灭火器材等防火设施。 (4) 拆除物件及工具未拴绳，滑落伤人	(1) 施工方案、安全技术措施必须经过审批，作业前由专人进行详细的技术交底，设专人指挥、专人监护。 (2) 划出危险区，并做好围栏防护，挂警示牌，设专人监护。 (3) 平台上应保证有 2 个灭火器。 (4) 拆除用工具拴好保护绳，在平台上下或行走时注意脚下，严防滑落，各种物件应传递好，禁止抛掷；模板拆除应分段分片进行，并事先用麻绳拴住，禁止成片拆除，以防模板脱落伤人	 滑模施工操作平台
2	烟囱色标涂刷	(1) 吊篮设计、制作不满足要求。 (2) 吊篮的主吊绳及安全绳不满足要求，拴挂吊篮的分吊点卡得不牢。 (3) 作业人员未挂安全绳。 (4) 防火措施不符合要求	(1) 吊篮的设计、制作均应满足烟囱的坡度及半径，便于作业，且应连接牢固。 (2) 吊篮的主吊绳应满足安全系数的要求，分吊点的连接采用绳扣和卡扣连接，每班作业前必须对各结点、滑轮、滑车进行详细的检查，无误后方可作业。 (3) 作业时在烟囱顶部钢平台构件上设安全绳，作业人员的安全带均拴挂在安全绳上。 (4) 作业人员进入吊篮不允许带任何火种，更不允许在吊篮内吸烟	 烟囱色标涂刷

（六）钢结构工程施工

1. 主烧结机厂房框架及围护结构施工

主烧结机厂房框架及围护结构施工工艺流程示意如下图。

梁柱及屋面系统分段制作 → 梁柱系统安装 → 屋面系统地面组装 → 屋面系统分段吊装 → 屋面檩条安装 → 墙面檩条安装 → 围护结构、彩瓦安装

序号	风险点	风险分析	管控措施	相关图例
1	钢结构立柱、支撑结构吊装	（1）未按要求设置安全防护设施和装置，未进行安全技术交底或未按方案施工。 （2）高处作业人员未正确佩戴和使用安全带、防坠器等个人防护用品。 （3）临边平台、孔洞安全防护措施不到位，未设置警示标志。 （4）夜间施工照明不足。 （5）未设置逃生通道	（1）履行方案及安全技术措施编制、审核、批准程序，落实安全技术交底，严格按方案执行施工作业。 （2）人员上下爬梯须设置双保险，落实安全技术交底、班前安全教育，明确安全措施责任人，督促落实五点式安全带的生根。 （3）对临边洞口设置临边防护栏杆及防坠安全网兜，设置明显的警示标志。 （4）夜间作业应配备充足的照明，落实夜间照明与安全监管人员，强化安全再教育。 （5）设置合理的逃生通道，落实区域安全责任人，每天定期维护通道是否畅通	 结构安装

续表

序号	风险点	风险分析	管控措施	相关图例
2	墙面檩条安装	(1) 卷扬机等设备未验收即投入使用。 (2) 人员上下临时挂笼脱焊坠落。 (3) 作业人员未设置防坠绳等保险措施	(1) 卷扬机须经三方验收合格签字确认后再使用。 (2) 临时挂笼必须满焊,必须使用圆钢或角钢。 (3) 人员上下须设置防坠绳及防坠器双保险措施,另一端牢固可靠挂设	 墙面安装
3	钢结构焊接	(1) 现场焊接防火措施不到位。 (2) 电焊机外壳未做接地保护,未设独立开关。 (3) 焊钳和把线接触不良。 (4) 在潮湿地点工作未站在绝缘板上	(1) 现场焊接时,要制作专用挡风棚,设置接火盆接取火花,或者焊接作业下方设备等覆盖严密防火毯、防火布,并设专人监火,以防火灾、烫伤等。 (2) 电焊机外壳接地良好,电焊机电源的拆装应由专业电工进行,并应设单独的开关,开关放在防雨的闸箱内。 (3) 焊钳与把线必须绝缘良好,连接牢固,更换焊条应戴手套。 (4) 在潮湿地点工作应站在绝缘板或木板上	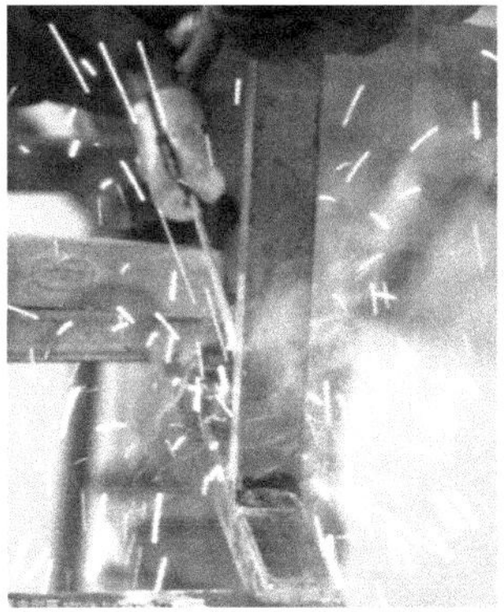 钢结构焊接
4	钢结构涂装	(1) 现场油漆存放不当。 (2) 油漆空桶未统一处理。 (3) 现场使用明火	(1) 现场使用的油漆必须设置专人进行保管,存放在单独的危险化学品库房中。 (2) 使用完的油漆空桶应及时回收,统一处理。 (3) 防腐涂装施工所用的材料大多为易燃品,作业人员严禁吸烟或使用明火	 油漆存放点

续表

序号	风险点	风险分析	管控措施	相关图例
5	钢结构卸车	(1) 吊装时构件掉落。 (2) 构件堆放过高时发生构件变形、坍塌	(1) 卸车作业时，严防构件掉落伤人，严格按照指挥人员的指令作业；吊装时，起吊工具应牢固可靠，吊装散装构件，必须捆绑牢固，并保持平衡，方可起吊。 (2) 构件堆放场地应平整坚实，无水坑、冰层，且排水通畅，有较好的排水设施，同时有车辆进出的回路；构件应按种类、型号、安装顺序划分区域，设置标志牌；构件不得直接置于地上，要垫高200 mm；构件底层垫块要有足够的支承面，不允许垫块有大的沉降量；堆放的高度应有计算依据，以最下面的构件不产生永久变形为准，不得随意堆高	 钢结构卸车

2. 配料室料仓施工

配料室料仓施工工艺流程示意如下图。

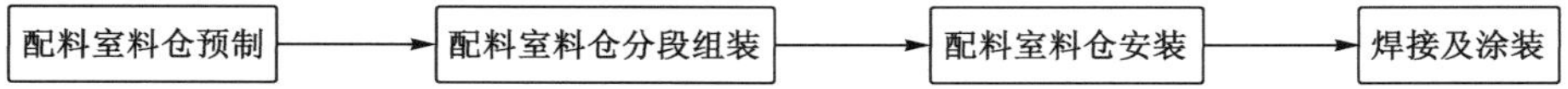

序号	风险点	风险分析	管控措施	相关图例
1	料仓吊装	(1) 未进行安全技术措施交底。 (2) 吊装过程中钢丝绳、吊耳等断裂。 (3) 吊装过程中风速较大，导致料仓摇摆	(1) 应编制安全技术措施并交底。 (2) 严格按吊装施工方案施工，吊装前检查吊索具的规格型号及完好性，检查吊耳焊接情况。 (3) 吊装前，应事先查看天气预报，当风力在6级或6级以上时，不得吊装	 料仓吊装
2	密闭空间作业	人员在内部焊接时窒息	料仓内部属于受限密闭空间，人员进入料仓内部作业必须登记，并在入口处挂牌。内部有施工作业时，采用鼓风机对料仓进行通风，员工应根据自身情况，定时离开受限空间	 料仓内焊接
3	安全通道	(1) 未搭设人员上下安全通道。 (2) 施工人员不从安全通道进入施工场地	(1) 根据施工方案搭设人员上下安全通道，对安全通道进行定期检查、维护。 (2) 教育施工人员从安全通道进出施工场地，并派专人指挥、监督	 安全通道

3. 皮带通廊吊装

序号	风险点	风险分析	管控措施	相关图例
1	皮带通廊吊装	(1) 地基承载力不符合要求,起重机倾覆。 (2) 吊点设置不合理或吊点焊接不牢。 (3) 钢丝绳选择不合理或钢丝绳质量不合格导致钢丝绳断裂。 (4) 两台或多台起重机进行抬吊作业时,没有协调工作,起重机倾覆。 (5) 吊装机械没有进行进场验收或进场验收不合格即投入使用	(1) 起重机吊装区域及行走区域地基承载力应满足施工方案要求。 (2) 根据结构重心合理设置吊点,吊点焊接质量应满足方案要求。 (3) 根据最重的钢构件重量、长度等参数选择起吊及捆绑钢丝绳的规格。 (4) 两台或多台起重机进行抬吊作业时,设置总指挥,指挥信号由总指挥一人发出。 (5) 吊装机械进场前应按照规定验收,不合格的吊装机械严禁进场施工	 皮带通廊吊装

4．钢结构烟囱安装

钢结构烟囱安装施工工艺流程示意如下图。

操作平台安装及焊接 → 烟囱制作 → 安装前验收 → 烟囱安装 → 纵缝焊接 → 横缝焊接 → 油漆涂装

序号	风险点	风险分析	管控措施	相关图例
1	烟囱吊装	(1) 特种作业人员无资格证便上岗作业。 (2) 高处作业不符合要求。 (3) 起重机械不符合要求，无专人指挥。 (4) 钢丝绳断裂。 (5) 烟囱整体运输时运输路线不合理	(1) 特种作业人员要持有效证件上岗作业。 (2) 高处作业人员须佩戴安全带、安全绳，搭设安全网、作业平台和安全防护栏等。 (3) 吊装前仔细检查起重机械，各部件应在良好状态下才能起吊，并设专人指挥和操作。 (4) 吊索具使用前须检查，规格型号应符合方案要求，质量良好。 (5) 大件运输要编写安全技术措施，包括吊装方法、装车方式、运输线路等	 烟囱吊装
2	操作平台安装	(1) 施工方案、安全技术措施没有经过审批，交底不详细。 (2) 危险区无人监护，危险区警戒不明显，无监护人。 (3) 操作平台上无灭火器材等防火设施。 (4) 拆除用工具及拆除的物件没有拴绳保护，滑落伤人	(1) 施工方案、安全技术措施必须经过审批，作业前由专人进行详细的交底。 (2) 划出危险区，并做好围栏防护，挂警示牌，设专人警戒监护。 (3) 操作平台上保证有 2 个灭火器。 (4) 拆除用工具拴好保护绳，严防滑落，各种构件应传递好，禁止抛掷；模板拆除应分段分片，并事先用麻绳拴住，禁止成片拆除，以防模板脱落伤人	 操作平台安装

续表

序号	风险点	风险分析	管控措施	相关图例
3	烟囱色标涂刷	(1) 吊篮设计、制作不满足要求。 (2) 吊篮的主吊绳及安全绳不满足要求，拴挂吊篮的分吊点卡得不牢。 (3) 作业人员未挂安全绳。 (4) 防火措施不满足要求	(1) 吊篮的设计、制作均应满足烟囱的坡度及半径要求，便于作业，其连接应牢固。 (2) 吊篮的主吊绳要满足安全系数的要求，分吊点的连接采用绳扣和卡扣连接，每班作业前必须对各结点、滑轮、滑车进行详细的检查，无误后方可作业。 (3) 作业时在烟囱顶部钢平台构件上设安全绳，作业人员的安全带均拴挂在安全绳上。 (4) 作业人员进入吊篮不允许携带任何火种，更不允许在吊篮内吸烟	 烟囱色标涂刷
4	安全防护	(1) 洞口防护措施不到位。 (2) 脚手架搭设不满足要求	(1) 人员上下可利用井架内的人货梯。预留口、通道口、上料平台口等都必须设有牢固、有效的安全防护设施(盖板、围栏、安全网等)；洞口防护设施如有损坏必须及时修缮。洞口防护设施严禁擅自移位、拆除；在洞口旁操作要小心，不应背朝洞口作业；不要在洞口旁休息、打闹或跨越洞口及从洞口盖板上行走；同时洞口还必须挂设醒目的警示标志等。 (2) 按要求搭设脚手架、铺平脚手板，不准有探头板；脚手架离墙面过宽时应加设安全防护；实行脚手架搭设验收和使用检查制度，发现问题及时处理；在烟囱顶上作业人员应穿软底防滑鞋	 烟囱施工操作平台

（七）起重机械安拆

塔式起重机（左）、履带式起重机（中）、桥式起重机（右）安装流程示意如下图。

1. 塔式起重机安拆作业

序号	风险点	风险分析	管控措施	相关图例
1	混凝土基础	(1) 起重机的混凝土基础不满足要求。 (2) 基础混凝土强度及平整度不满足要求。 (3) 预埋件位置不满足要求。 (4) 混凝土基础未验收即投入使用。 (5) 混凝土基础有积水	(1) 混凝土基础按起重机制造厂的使用说明书要求制作。 (2) 使用说明书中混凝土强度未明确的不低于C30。基础表面平整度允许偏差1/1 000。 (3) 预埋件的位置、标高和垂直度以及施工工艺符合使用说明书要求。 (4) 混凝土基础应验收合格后,方可使用。 (5) 混凝土基础应修筑排水设施,排水设施应与基坑保持安全距离	 塔式起重机基础
2	格构柱式基础	格构柱未按照方案施工和验收	(1) 格构柱在桩孔中的位置应放置准确,并控制好垂直与水平的偏差,避免格构柱偏位过大,导致塔式起重机标准节无法安装;冲孔桩浇筑放置格构柱时,要做好定位措施,派专人看管,确保格构柱位置的准确性,以利于水平、斜撑的焊接。 (2) 在格构柱的施工过程中,塔式起重机厂家应进行技术指导并参与验收,安装好后需对塔式起重机的整体情况进行测试并试运转	 格构柱式基础

2. 履带式起重机安拆作业

序号	风险点	风险分析	管控措施	相关图例
1	设备和人员各类证件及管理资料	(1) 设备证件不齐全。 (2) 安拆作业人员未持证上岗	(1) 履带式起重机安装前应检查制造许可证、产品合格证、使用登记证等原始资料。 (2) 履带式起重机安拆单位必须具有履带式起重机安拆资质,特种作业人员持证上岗	 日常教育
2	整机实体情况	对整机进场检查不到位	(1) 履带式起重机安拆前对整机进行检查,消除安全隐患。 (2) 履带式起重机安拆前,管理人员应查验整机检查及整改资料	 整机检查
3	方案编制与审批	方案编制与审批不规范	安拆作业前应编制专项施工方案,超过一定规模的需要专家论证	 专项施工方案专家论证报告 论证报告

续表

序号	风险点	风险分析	管控措施	相关图例
4	设备作业场地地基情况	作业场地地基未进行验收	履带式起重机的基础及地基承载力应符合安全作业要求，安装前进行验收	 设备地基
5	安拆作业	安拆作业安全措施不到位	安拆履带式起重机时，应统一指挥，分工明确，地面设置警戒区和安全警示标志，现场派专人监护。项目部安全管理人员和安装单位安全管理人员在履带式起重机安装前检查警戒区和安全警示标志。作业人员配备安全帽、安全带、防滑鞋等劳动防护用品，并正确穿戴劳动防护用品。组装吊臂时，作业人员不得站在吊臂上。各滑轮组均正确安装防跳绳装置。安装、拆卸过程中发生部件故障，应及时报告	 履带式起重机组装

3. 桥式起重机安拆作业

序号	风险点	风险分析	管控措施	相关图例
1	设备卸车	(1) 专项施工方案未审批、未交底。 (2) 运输车辆经过的道路不具备通行条件。 (3) 卸车场地不平。 (4) 起重机进场未经验收	(1) 编制专项施工方案及安全技术措施并给所有管理及作业人员交底。 (2) 运输车辆经过的道路路面平整度、承载力、转弯半径应符合通行条件。 (3) 卸车场地应平整、设备下方应垫木方,禁止设备与地面直接接触。 (4) 起重机进场应经过验收	 设备卸车
2	行车桥架吊装	(1) 专项施工方案未审批、未交底。 (2) 吊装区域场地不平或地基承载力不够。 (3) 特种作业人员未持证上岗。 (4) 吊装区域未设警戒区。 (5) 吊索具未进行检验	(1) 起重机安装要编制专项施工方案并审批;方案及安全技术措施要按要求交底。 (2) 吊装区域场地进行加固,确保地面承载力满足吊装要求。 (3) 特殊作业人员应持有效证件上岗。 (4) 设置吊装区域,吊装作业影响范围内设置安全警戒。 (5) 吊装用吊索具确认安全合格,吊点要确认可靠	 行车桥架吊装

续表

序号	风险点	风险分析	管控措施	相关图例
3	安装后临时固定	未设置临时固定装置或临时固定装置不符合要求	安装后应设置临时固定装置并组织工程技术及安全相关人员进行临时固定装置的专项检查	 行车安装
4	桥式起重机试车	(1) 未编制试车方案。 (2) 安全技术措施未进行交底。 (3) 未编制应急预案。 (4) 特种作业人员未持证上岗。 (5) 轨道不具备运行条件。 (6) 钢丝绳、卸扣等吊索具未经验收。 (7) 未设置试车警戒区域	(1) 桥式起重机试车前应编制试车方案并经过审批。 (2) 桥式起重机试车前应编制安全技术措施并对全部作业人员进行交底。 (3) 桥式起重机试车前应编制试运转应急预案。 (4) 特殊工种执有效证件上岗。起重作业由专业人员持证操作、指挥，严禁违规作业。 (5) 检查起重机大车运行区域轨道，应满足运行条件。 (6) 吊索具应经过验收并符合施工要求。 (7) 桥式起重机试运转时，应在全部运行区域设置警戒区域	 试车

（八）工业管道安装

工业管道安装施工工艺流程示意如下图。

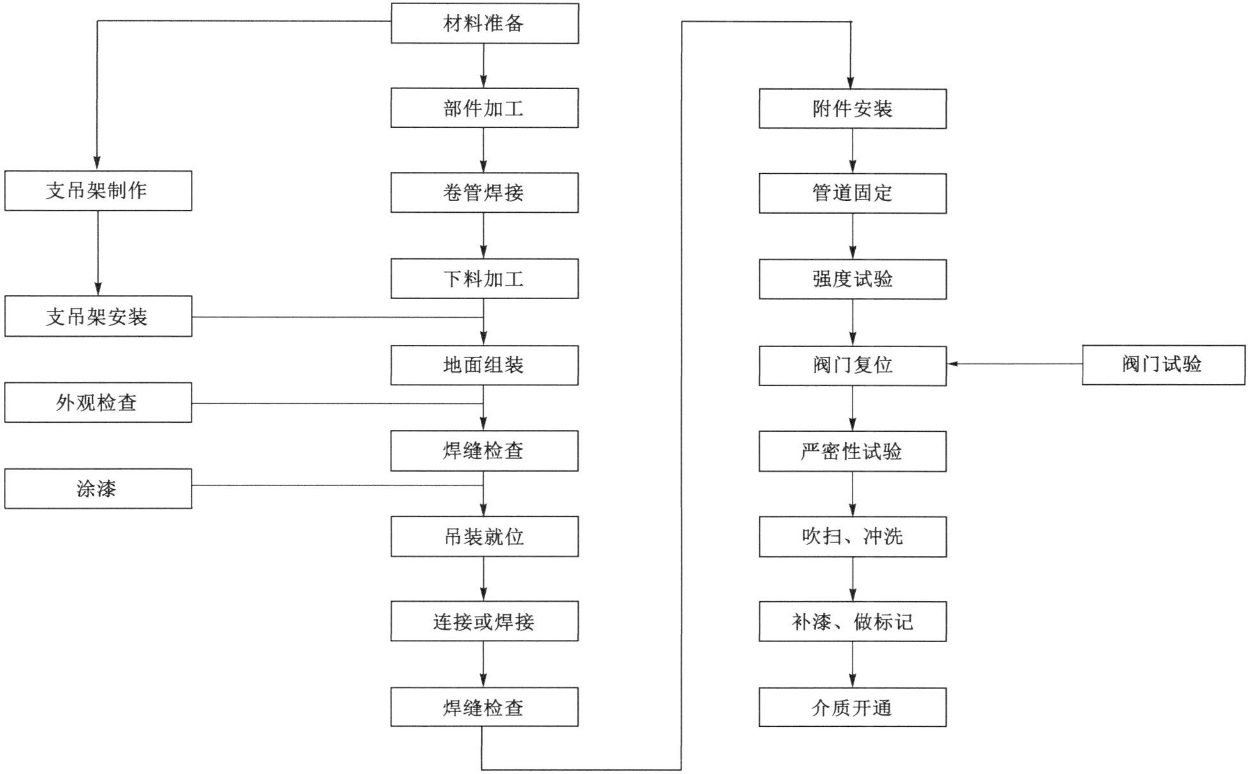

1. 工业金属管道施工

序号	风险点	风险分析	管控措施	相关图例
1	支架、管道吊装	(1) 起重设备未进行进场验收。 (2) 吊装用吊索具未验收或验收不合格。 (3) 高处作业未设置安全绳。 (4) 活动脚手架未固定。 (5) 未对作业人员进行安全技术交底	(1) 起重设备应进行进场验收,确保起重设备的安全性能和使用性能符合规定。 (2) 吊装用吊索具必须经验收合格。 (3) 涉及高处作业的区域应设置安全绳,作业人员在高于 2 m 高度进行组对、找正及焊接作业时,必须正确佩戴安全带,安全带高挂低用、扣好保险钩。 (4) 使用活动脚手架前应将活动脚手架的滚动轮固定,脚手架移动前,脚手架作业平台上不得有人。 (5) 起重吊装作业前应对作业人员进行安全技术交底	 管道吊装
2	管道内部焊接	(1) 未对作业人员进行安全技术交底。 (2) 管道内未配置通风设备。 (3) 未履行高危作业许可制度。 (4) 未使用安全电压的照明灯具	(1) 编制安全技术措施,作业前应对作业人员进行安全技术交底。 (2) 有限空间内作业时,设置通风机(轴流式风机),保持有限空间内空气流通;有限空间作业时,在有限空间外设专人监护。 (3) 有限空间作业必须办理有限空间安全作业证。 (4) 在有限空间内作业,照明灯具的电压应符合安全要求,使用超过安全电压的手持电动工具作业或进行电焊作业时,应配备漏电保护器;在潮湿环境作业时,作业人员应站在绝缘板上,同时保证金属管道接地可靠	 管道内部焊接

2. 管道试压、吹扫

序号	风险点	风险分析	管控措施	相关图例
1	管道试压	(1) 未编制专项施工方案，未进行安全技术交底。 (2) 试压前未对盲板封堵处所用的材料进行检查。 (3) 试压区域未设置警示标志。 (4) 试压时未设立专门的管道试压小组，实行统一指挥。 (5) 试压期间违规作业	(1) 根据施工现场实际，编制完整的试压专项施工方案及安全技术措施，试压前技术人员需熟悉方案，并应向施工人员交底，坚持“安全第一，预防为主”的原则。 (2) 试压用盲板应符合试压要求。试压前，应详细检查试压管道盲板加设情况，使用的压力表要确保精度要求并检验合格，具备试压条件时方可进行试压工作。 (3) 试压区域设置警戒区域，悬挂警示标志牌，配专人监护，非工作人员严禁在试压期间进入试压区域。在试验压力超过设计压力时，试压人员不得靠近试压区域。 (4) 设立专门的管道试压小组，实行统一指挥，试压操作人员应了解试压的管段并有实际操作经验，并安排人员分段负责，试压时来回巡视；负责人员每人要配备一台对讲机，保证通信畅通，信息及时反馈。作业完毕后各小组负责人需清点各小组人员。 (5) 试压过程中应避免强烈冲击试压管道；焊缝泄漏处补焊必须降至管道内无压力，按正常的返修方法进行修补，严禁在带压的情况下进行修补和敲打；系统在卸压排气过程中设专人监护以便及时提醒无关人员远离排放口，排气点尽可能选择在无人区域，排放口要加固牢靠；排气前要确保周围无人，无未固定的其他小型设备部件及零乱杂物方可开阀排气（操作人员开阀时不要正对排放口）	 管道试压

续表

序号	风险点	风险分析	管控措施	相关图例
2	燃气管道吹扫	(1) 未编制专项施工方案,未进行安全技术交底。 (2) 未设置警示标志,吹扫区域内无专人监管。 (3) 吹扫前未对管道管卡的安装情况进行检查。 (4) 吹扫时吹扫点设置不符合要求。 (5) 吹扫主管道未对支管道的阀门开闭情况进行检查	(1) 确保吹扫专项施工方案及安全技术措施审批手续、交底手续齐全。 (2) 吹扫区域要设置警示标志,区域内要派专人监护。 (3) 吹扫前要对管道管卡安装情况进行逐一检查,查看是否有未安装或安装不规范情况存在。 (4) 吹扫前燃气主管道要引到室外,并且吹扫口朝上,支管道吹扫管引到远离开启阀门的排水沟或集水坑内,吹扫口朝下,吹扫检验板要固定牢固。 (5) 吹扫主管道时要逐一确认支管的阀门是否都关闭	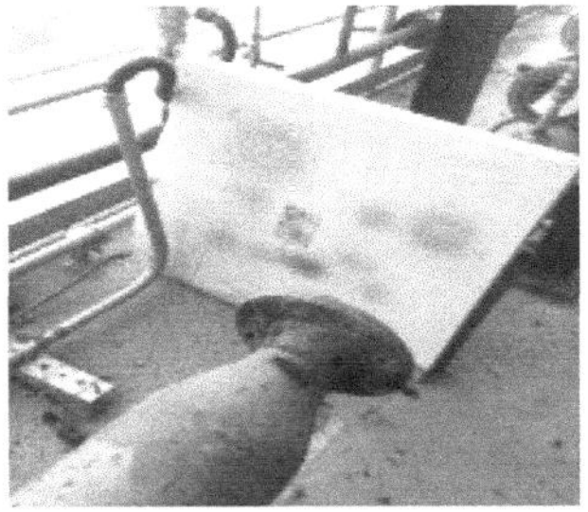 燃气管道吹扫打靶
3	除尘管道内部清理	(1) 未对作业人员进行安全技术交底。 (2) 管道内未配置通风设备。 (3) 未履行高危作业许可制度。 (4) 未使用安全电压的照明灯具	(1) 编制安全技术措施,对作业人员进行安全技术交底。 (2) 有限空间内作业时,设置通风机(轴流式风机),保持有限空间内空气流通。 (3) 有限空间作业必须办理有限空间安全作业证,作业期间,在有限空间外设专人监护。 (4) 在有限空间内作业,照明灯具的电压应符合安全要求,使用超过安全电压的手持电动工具作业或进行电焊作业时,应配备漏电保护器。在潮湿环境作业时,作业人员应站在绝缘板上,同时保证金属管道接地可靠	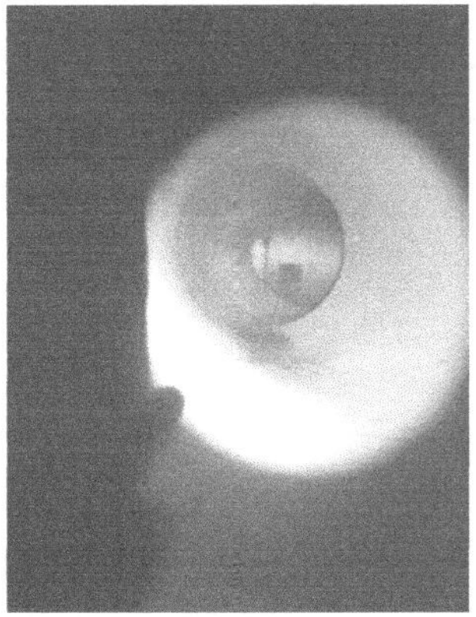 管道内部清理

续表

序号	风险点	风险分析	管控措施	相关图例
4	水介质开通	(1) 未编制专项施工方案，未进行安全技术交底。 (2) 介质开通区域未设置警示标志，区域内无专人监管。 (3) 未建立介质开通联络体系，工作划分不明确，造成混乱。 (4) 介质管道最高处排气阀未开启。 (5) 泵出口阀门送水时开启角度过大或开启速度快	(1) 应编制专项施工方案及安全技术措施并履行审批手续，作业前对所有施工人员进行交底。 (2) 介质开通区域应设置警示标志，区域内要派专人监护。 (3) 介质开通前要建立联络体系，人员分工要明确，并进行模拟演练。 (4) 介质开通前应确保介质管道的最高处的排气阀完全开启。 (5) 介质开通时要缓慢小角度开启泵出口阀门	 水介质开通
5	氮气、氧气管道开通	(1) 未编制专项施工方案，未进行安全技术交底。 (2) 介质开通区域未设置警示标志，区域内无专人监管。 (3) 未建立介质开通联络体系，工作划分不明确，造成混乱。 (4) 气体置换不彻底。 (5) 未配备氧气报警仪。 (6) 开通流速过大	(1) 确保介质开通专项施工方案及安全技术措施审批手续、交底手续齐全。 (2) 介质开通区域应设置警示标志，区域内要派专人监护。 (3) 介质开通前要建立联络体系，人员分工要明确，并进行模拟演练。 (4) 在放散口、取样口处用报警仪进行检测，确保置换彻底。 (5) 介质开通前要配备足够的相关报警仪，对介质开通区域及置换处实时进行监测。 (6) 介质开通时要控制主阀门的开启角度，应缓慢开通	 氮气、氧气管道开通

3. 大烟道施工

序号	风险点	风险分析	管控措施	相关图例
1	大烟道吊装	(1) 未编制安全技术措施或未进行交底。 (2) 起重作业人员未持证上岗。 (3) 吊索具选用或使用不规范。 (4) 吊装区域未设置安全围栏，吊装过程中未采用溜绳固定	(1) 编制安全技术措施，吊装前对施工人员进行安全技术交底。 (2) 吊装前检查起重作业人员的持证情况，杜绝无证上岗。 (3) 按照施工方案检查吊索具的选用及挂设应按照方案执行。 (4) 吊装区域周边设置安全围栏；吊装过程中管道两端要采用溜绳固定且派专人操控	 大烟道吊装
2	烟道内焊接	(1) 焊接作业未进行安全技术交底。 (2) 烟道内焊接作业无应急预案。 (3) 烟道内焊接作业安全措施不到位。 (4) 烟道内焊接作业无专人监护	(1) 焊接作业前应编制专项施工方案及安全技术措施，方案及安全技术措施经审批合格并对作业人员进行交底。 (2) 编制应急预案，应急预案应切实可行。 (3) 在烟道内设置通风机(轴流式风机)，保持管道内空气流通。 (4) 安排专人对焊接区域进行监护	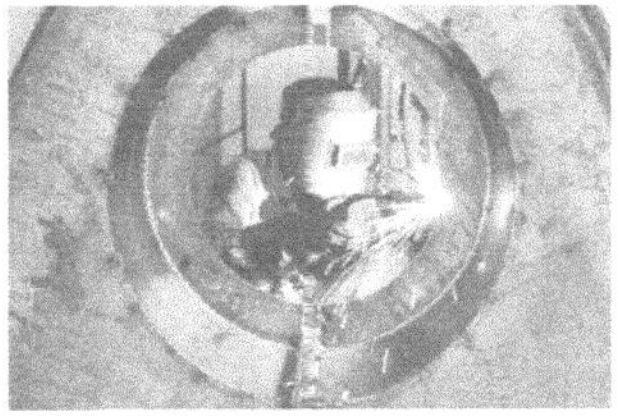 烟道内焊接

续表

序号	风险点	风险分析	管控措施	相关图例
3	烟道内喷涂作业	(1) 烟道内喷涂作业未进行安全技术交底。 (2) 烟道内喷涂作业安全措施不到位。 (3) 烟道内喷涂作业无专人监护。 (4) 烟道内喷涂作业无通风。 (5) 烟道内照明电压不符合要求	(1) 喷涂作业前应编制专项施工方案及安全技术措施，审批手续齐全，并对作业人员进行安全技术交底。 (2) 喷涂操作人员应佩戴防尘面罩。 (3) 安排专人对喷涂区域进行监护。 (4) 在烟道内设置通风机(轴流式风机)，保持管道内空气流通。 (5) 烟道内照明采用 24 V 电源	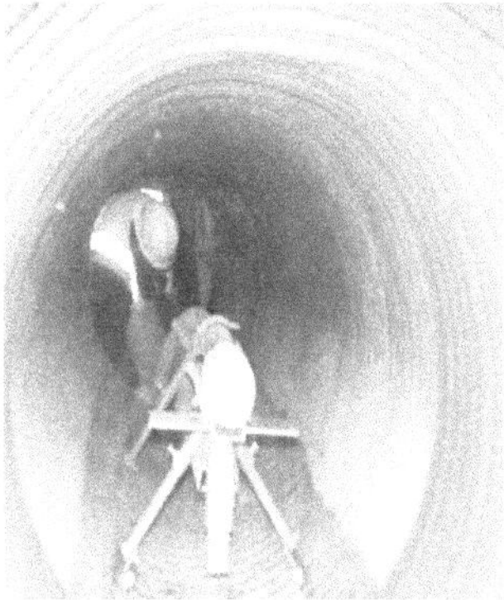 烟道内喷涂作业
4	烟道保温作业	(1) 保温施工未编制专项施工方案，未对作业人员进行安全技术交底。 (2) 保温材料存放位置存在火灾风险。 (3) 操作脚手架搭设不符合要求	(1) 保温施工应编制专项施工方案及安全技术措施，并对作业人员进行安全技术交底。 (2) 保温材料应保存在防火、避雨、干燥的地方。 (3) 操作脚手架的搭设应按施工方案进行，并在使用前验收合格	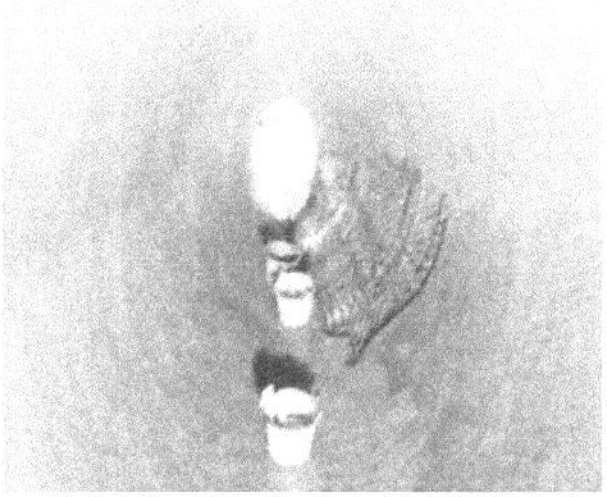 烟道保温作业

（九）机械设备安装

1. 烧结机头、尾轮吊装

序号	风险点	风险分析	管控措施	相关图例
1	烧结机头、尾轮吊装	(1) 未编制专项施工方案和安全技术措施。 (2) 专项施工方案和安全技术措施未交底或未按照专项施工方案实施。 (3) 吊装用吊索具未进行验收或使用不合格吊索具，造成起重伤害事故。 (4) 特种作业人员未持有效证件上岗	(1) 编制设备起重吊装专项施工方案，并对方案进行交底；所有作业人员必须接受安全教育及安全技术交底后方可上岗作业。 (2) 严格执行专项施工方案及安全技术措施；吊装前应检查头部临时支撑的坚固性，焊接牢固性，结构稳定性。 (3) 吊装前组织对吊索具验收，禁止使用不合格或与方案不符合的吊索具。 (4) 司索工、起重司机等特种作业人员必须持有效证件上岗作业	 头轮吊装
2	烧结机头、尾轮安装立体交叉作业	(1) 立体交叉作业无防护措施，造成物体打击事故。 (2) 立体交叉作业无监护人员	(1) 头轮上部漏斗内应挂设安全网，头轮与柔性传动间的缝隙应设置栏杆进行隔离。 (2) 立体交叉作业应设置监护人员	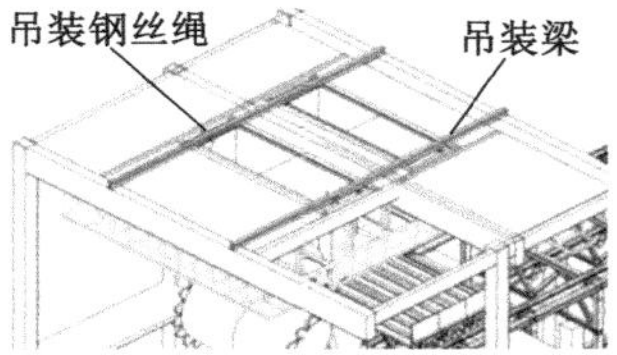 立体交叉作业

2. 烧结机机下灰斗安装

序号	风险点	风险分析	管控措施	相关图例
1	机下灰斗地面拼装	(1) 机下灰斗拼装场地不平引起灰斗倾倒,造成人员伤害。 (2) 机下灰斗拼装时临时支撑失稳引起灰斗倾覆。 (3) 操作平台失稳导致人员坠落	(1) 按照专项施工方案及安全技术措施要求平整拼装场地;施工前对作业人员进行安全技术交底。 (2) 机下灰斗板吊装后按照方案要求设置临时支撑,保证临时支撑的坚固、稳定。 (3) 操作平台稳定性应满足施工要求	 灰斗地面拼装
2	机下灰斗安装	(1) 机下灰斗吊装时未对吊索具进行检查,造成起重伤害。 (2) 吊点设计缺陷、焊接不牢造成吊点脱落。 (3) 就位后摘钩人员未系挂安全带,造成高处坠落	(1) 施工前对作业人员进行安全技术交底,对起重机、吊索具、吊耳进行检查。 (2) 吊点应严格按照方案设置,并应焊接牢固。 (3) 设置安全绳,监督高处作业人员正确使用安全带	 灰斗安装
3	机下灰斗现场焊接	(1) 机下灰斗下口未封闭造成人员坠落。 (2) 焊渣掉落到烧结机下层,引发易燃物燃烧。 (3) 焊条、钢板等物品从灰斗下口掉落伤人	(1) 机下灰斗下口采取硬隔离措施,设置竖向安全绳,人员系挂安全带。 (2) 焊接前清理下方易燃物,派专人监护。 (3) 焊接人员及时将焊条等物品收放好,防止物品掉落	 灰斗现场焊接

3. 烧结机骨架安装

序号	风险点	风险分析	管控措施	相关图例
1	骨架材料堆放	(1) 烧结机骨架材料堆放处距离预留孔洞边太近。 (2) 骨架材料堆放太高、不够稳定，造成坍塌	(1) 骨架材料堆放处距离预留孔洞、临边不能过于接近；预留孔洞应采用钢制盖板或木跳板遮盖，临边用钢管栏杆防护。 (2) 骨架材料堆放时应预留人行通道；材料堆放不能过高，保证稳定	 骨架材料堆放
2	骨架拼装	(1) 骨架吊装未按方案实施。 (2) 未对作业人员未进行安全技术交底。 (3) 行车、起重机、吊索具未检验或检验不合格，造成起重伤害。 (4) 临时支撑材料不符合要求，造成坍塌伤人	(1) 制定吊装专项施工方案，并按方案吊装作业。 (2) 作业前对作业人员进行安全技术交底。 (3) 施工前对起重机、吊索具进行验收。 (4) 前几根立柱安装后设置临时支撑，防止立柱倾倒	 骨架拼装
3	骨架焊接	(1) 特种作业人员未持有效证件上岗。 (2) 电焊机一次线长度超过 5 m，造成触电伤害。 (3) 焊接场所周边有易燃物。 (4) 未设监火人，未配备灭火器，造成火灾事故	(1) 电焊工应持有效证件上岗。 (2) 电焊机一次线长度不应超过 5 m，电焊机外壳应接地良好。 (3) 焊接作业前应清理周围及下方易燃物。 (4) 指派专人监火、配备足够的灭火器材	 骨架焊接

4. 烟气净化系统设备安装

序号	风险点	风险分析	管控措施	相关图例
1	钢结构支撑系统吊装	(1) 吊装过程中起重机发生倾覆。 (2) 吊装用吊索具等未经检查验收即现场使用,无安全技术措施或未进行交底。 (3) 未严格按照方案进行吊装,造成起重伤害。 (4) 起重作业人员无证上岗	(1) 吊装前应确认周边环境,对吊装场地进行平整,并计算地基承载力是否满足要求。 (2) 各类设备、吊索具使用前项目部应联合监理部门进行检查验收,对作业人员进行交底,并留存签字记录。 (3) 编制吊装专项施工方案,交底到位,严格实施。 (4) 起重信号指挥、司索工应持证上岗,严格执行"十不吊"规定	 支撑系统安装
2	模块吊装、安装	(1) 未严格按照方案进行吊装;设备吊装过程中地面不平整或地基承载力不符合要求,起重机发生倾覆。 (2) 吊装用吊索具等未经检查验收即投入使用,无安全技术措施或未进行交底。 (3) 特种作业人员无证上岗。 (4) 高处作业未设安全绳,作业人员未按要求系挂安全带。 (5) 临时操作平台焊接不牢固	(1) 吊装前,对吊装机械及运输机械做好进场前的检查工作;对作业人员进行安全技术交底;正式吊装前,必须先完成试吊、吊平,确认安全后,方可起吊;如果在起吊后发现起重机有倾斜趋势,必须立即停止吊装,进行回钩。 (2) 认真检查钢丝绳有无断丝、断股现象,不得有硬折弯,卡环不得有裂纹。 (3) 特种作业人员必须经有关部门专门培训考试合格,方准独立操作。 (4) 高处作业应拉设安全绳并两端固定牢靠,作业人员佩戴安全带并高挂低用。 (5) 临时操作平台必须经验收合格、挂牌后才可使用	 模块吊装

续表

序号	风险点	风险分析	管控措施	相关图例
3	模块内焊接	(1) 模块内焊接作业未编制专项施工方案,未进行交底。 (2) 模块内焊接作业无应急预案。 (3) 模块内焊接作业安全措施不到位,未配备专人监护	(1) 制定模块内焊接作业专项施工方案,明确通风、监测措施,并对作业人员、监护人员交底并签字。 (2) 制定模块内焊接作业中毒窒息应急处置方案,并对作业人员、监护人员交底培训。 (3) 模块内焊接作业设置通风机(轴流式风机),保持模块内空气清新;模块内照明采用 36 V 电源;安排专人对焊接区域进行监护	 模块内焊接
4	烟气净化系统保温作业	(1) 保温作业未编制专项施工方案。 (2) 未对作业人员进行安全技术交底。 (3) 保温材料存放位置存在火灾风险。 (4) 操作脚手架搭设不符合要求	(1) 保温作业施工前应编制专项施工方案,并对作业人员进行安全技术交底。 (2) 保温材料应保存在防火、避雨、干燥的地方,保温作业禁止与动火作业交叉。 (3) 操作脚手架应按规范要求进行搭设,搭设后应组织验收,经验收合格后方可使用	 烟气净化保温作业
5	活性炭添加	(1) 电动葫芦未通过验收。 (2) 活性炭输送设备未经试车合格。 (3) 安全技术措施未进行交底。 (4) 防火设施不齐备	(1) 电动葫芦经过验收合格后方可投入使用。 (2) 输送活性炭的设备应试运转合格后方可投入使用。 (3) 制定活性炭添加作业安全技术措施,并对作业人员进行安全技术交底。 (4) 活性炭添加作业时,不得同时进行动火作业,并应配备消防设施和专人监护	 活性炭添加

5. 电除尘系统设备安装

序号	风险点	风险分析	管控措施	相关图例
1	框架吊装	(1) 未制定吊装专项施工方案,未对作业人员进行安全技术交底。 (2) 设备吊装过程中起重机发生倾覆。 (3) 吊装用吊索具等未经检查验收即现场使用。 (4) 特种作业人员无证上岗	(1) 制定吊装专项施工方案,明确吊装风险和防范措施,作业前对作业人员进行安全技术交底。 (2) 吊装前应确认周边环境,对吊装场地进行平整,并计算地基承载力是否满足要求。 (3) 各类设备、吊索具使用前项目部应联合监理部门进行检查验收,对作业人员进行交底,并留存签字记录;阴极管、阳极管安装体量大、周期长,应对起重设备进行经常性检查。 (4) 起重信号指挥、司索工持证上岗,严格执行"十不吊"规定	 框架吊装
2	除尘壳体内部焊接	(1) 电除尘器内焊接作业无专项施工方案,未进行安全技术交底。 (2) 电除尘器内临时操作平台、通风设施、安全照明电压等不符合要求,造成触电事故。 (3) 电除尘器内焊接作业无应急预案。 (4) 电除尘器内焊接作业无专人监护,造成窒息事故	(1) 编制电除尘器内焊接作业专项施工方案,辨识作业环境安全风险和防范措施,对作业人员进行安全技术交底。 (2) 组织开展电除尘器内安全措施验收,重点对临时操作平台、轴流式风机、照明安全电压等防范措施检查验收。 (3) 组织制定电除尘器内焊接作业中毒窒息专项应急预案,并对作业人员、监护人员交底。 (4) 安排专人进行监护并对监护人员进行专项培训	 电除尘系统

续表

序号	风险点	风险分析	管控措施	相关图例
3	电除尘器保温作业	(1) 保温作业未编制专项施工方案，未对作业人员进行安全技术交底。 (2) 保温材料存放位置存在火灾风险。 (3) 操作脚手架搭设不符合要求	(1) 保温作业施工前应编制专项施工方案，并对作业人员进行安全技术交底。 (2) 保温材料应保存在防火、避雨、干燥的地方，保温作业禁止与动火作业交叉。 (3) 操作脚手架应按规范要求进行搭设，搭设后应组织验收，经验收合格后方可使用	 电除尘器保温作业

6. 皮带机设备安装

序号	风险点	风险分析	管控措施	相关图例
1	皮带机头轮吊装、安装	(1) 未制定吊装专项施工方案，未对作业人员进行安全技术交底。 (2) 设备吊装过程中起重机发生倾覆。 (3) 吊装用吊索具等未经检查验收即现场使用。 (4) 特种作业人员无证上岗	(1) 制定吊装专项施工方案，明确吊装风险和防范措施，作业前对作业人员进行安全技术交底。 (2) 吊装前应确认周边环境，对吊装场地进行平整，并计算地基承载力是否满足要求。 (3) 各类设备、吊索具使用前项目部应联合监理部门对设备进行检查验收，对作业人员进行交底，并留存签字记录。 (4) 起重信号指挥、司索工应持证上岗，严格执行“十不吊”规定	 皮带机头轮安装

续表

序号	风险点	风险分析	管控措施	相关图例
2	皮带机支架安装及焊接	(1) 皮带机钢结构堆放场地距离预留孔洞边太近。 (2) 构件堆放太高、不够稳定。 (3) 皮带机料斗下口未封闭造成焊渣、焊条掉落伤人	(1) 钢结构堆放场地距离预留孔洞、临边不能过于接近;预留孔洞采用钢制盖板或木跳板遮盖,临边用钢管栏杆防护。 (2) 构件堆放时应预留人行通道;构件堆放不能过高,保证构件稳定。 (3) 皮带机料斗下口应采取硬隔离措施,及时将焊条等物品收放好,防止物品掉落	 皮带机支架安装
3	皮带机皮带安装	(1) 火星掉落到皮带上引发火灾。 (2) 皮带未固定牢固掉落导致伤人。 (3) 皮带胶接未硫化好导致皮带断裂。 (4) 安装过程中导致皮带划伤	(1) 严格控制工序,原则上皮带区域焊接作业完成后再安装皮带;制定皮带区域防火管理措施,确需提前进行焊接作业的,应将皮带隔离并派专人监护。 (2) 使用倒链将已安装的皮带固定牢靠,并设置警示标志,保证安全间距。 (3) 硫化皮带应选用专业施工单位,保证硫化质量。 (4) 皮带安装过程中经过有棱角的构件或设施时要进行防护	 皮带机皮带安装

7. 布袋除尘系统设备安装

序号	风险点	风险分析	管控措施	相关图例
1	灰斗地面拼装、安装	(1) 灰斗拼装场地不平引起灰斗倾倒。 (2) 灰斗拼装时临时支撑失稳引起灰斗倾覆	(1) 按照专项施工方案及安全技术措施要求平整拼装场地。 (2) 灰斗板吊装后设置临时支撑,保证临时支撑的坚固、稳定	 灰斗地面拼装
2	箱体地面拼装、安装	(1) 箱体拼装场地不平、临时支撑失稳引起箱板倾覆。 (2) 箱体材料堆放不合理引起物料坍塌。 (3) 操作脚手架失稳	(1) 按照专项施工方案及安全技术措施要求平整拼装场地。 (2) 按照要求设置临时支撑,保证临时支撑的坚固、稳定。 (3) 箱体四周搭设脚手架并经验收合格后方可使用,设置安全绳,高处作业必须系挂安全带	 箱体地面拼装
4	除尘壳体保温	(1) 保温施工前未编制专项施工方案,未对作业人员进行安全技术交底。 (2) 保温材料存放位置存在火灾风险。 (3) 操作脚手架搭设不符合要求,脚手架跳板未按要求绑扎	(1) 保温施工应编制专项施工方案及安全技术措施,并进行安全技术交底。 (2) 保温材料应保存在防火、避雨、干燥的地方。动火作业设置接火盆,并指派专人监护。 (3) 操作脚手架应按施工方案进行搭设,并在使用前组织验收合格	 除尘壳体保温锚固钉焊接

（十）厂房照明、滑触线安装

序号	风险点	风险分析	管控措施	相关图例
1	厂房照明配管施工	(1) 未对作业人员进行安全技术交底。 (2) 高处作业未设置安全绳，作业人员未系挂安全带	(1) 施工前应编制专项施工方案及安全技术措施，并进行交底。 (2) 高处作业应设置安全绳，指派专人监护，作业人员必须系挂安全带	 厂房照明配管施工
2	滑触线支架及滑触线安装	(1) 未对作业人员进行安全技术交底。 (2) 临时吊笼制作不符合要求。 (3) 高处作业未系挂安全带。 (4) 动火作业区域下方有易燃物	(1) 施工前应编制专项施工方案及安全技术措施，并进行交底。 (2) 按方案制作吊笼并经验收合格后方可使用。 (3) 高处作业应设置安全绳，作业人员配备安全带并系挂牢靠。 (4) 动火作业前清理下方易燃物并指派专人监护	 滑触线安装

（十一）电气设备安装

电气设备安装施工工艺流程示意如下图。

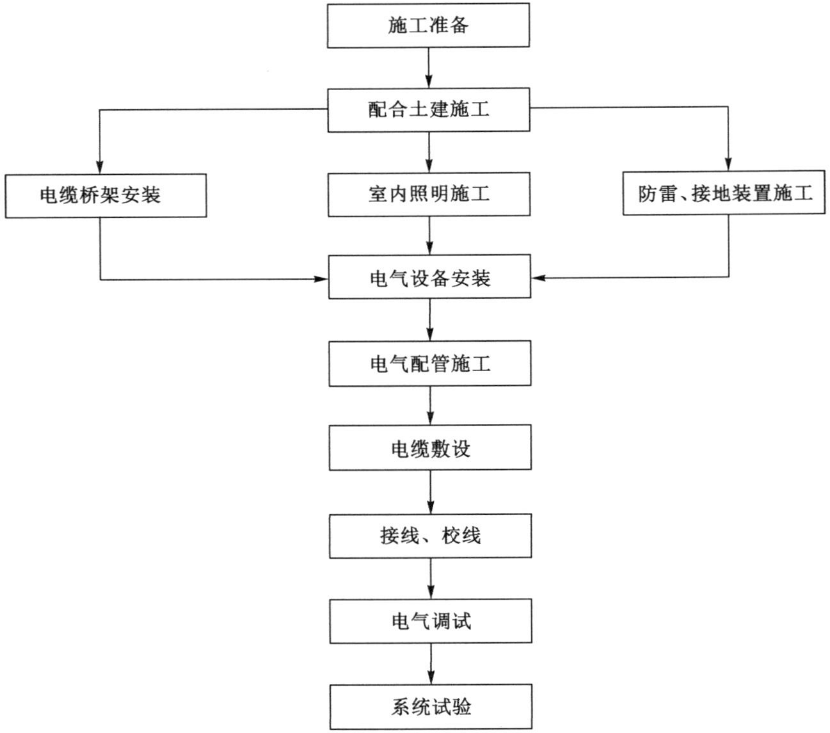

1. 盘柜、变压器安装

序号	风险点	风险分析	管控措施	相关图例
1	变压器、盘柜吊装作业	(1) 无专项施工方案及安全技术措施。 (2) 起重设备、配件等损坏或未按规范使用,造成起重伤害。 (3) 吊装区域无警示标志。 (4) 指挥人员无证作业	(1) 施工前应编制专项施工方案及安全技术措施,并进行交底。 (2) 吊装作业前对起重设备、配件等进行验收,作业时正确使用各种设备。 (3) 吊装区域采用红白旗或警戒带进行围挡。 (4) 对指挥人员持证情况进行检查确认,无证或证件不在有效期内的指挥人员禁止指挥和操作起重设备	 变压器吊装

2. 电缆桥架安装

序号	风险点	风险分析	管控措施	相关图例
1	操作平台搭设、拆除	(1) 操作平台搭设材质不满足要求，造成平台坍塌。 (2) 操作平台搭设、拆除作业不符合方案要求	(1) 搭设操作平台的材料使用前必须根据方案组织验收，钢管尺寸为 ϕ48.0 mm×3.5 mm 平台木垫板宽度不宜小于 200 mm、厚度不宜小于 50 mm，固定木垫板用的钢丝直径不应小于 4 mm。 (2) 操作平台搭设、拆除作业须严格按照专项施工方案施工，搭设、拆除须由专业人员施工，搭设完成应由相关人员确认验收，合格后才能使用，且应做好验收记录	 操作平台搭设
2	临边作业	孔洞、临边未及时按规范设置防护措施	(1) 对孔洞、临边安装临时围栏或采用临时盖板进行封堵。 (2) 临时围栏采用直径大于 20 mm 的钢筋或钢管，临时盖板采用直径 8 mm 钢筋网或厚度 3 mm 花纹钢板，禁止使用包装箱木板	 临边作业

续表

序号	风险点	风险分析	管控措施	相关图例
3	登高作业	(1) 登高作业安全防护措施不到位。 (2) 梯子使用时不规范	(1) 施工前应先在施工区域铺设安全绳，并经验收合格后方可使用。 (2) 登高作业人员上下攀爬时应使用防坠器，高处作业人员应正确佩戴、使用个人防护用品。 (3) 梯子不得有残缺，不得垫高使用，梯子横档间距以 30 cm 左右为宜，底部应采取防滑措施。 (4) 单面梯与地面夹角以 60°～70°为宜，人字梯上部夹角以 35°为宜，人字梯底角要拉牢。 (5) 梯上作业时，下方应有专人监护，禁止两人同时在梯上作业，严禁站在梯子最上面两档施工作业	 登高作业
4	移动脚手架使用	移动脚手架使用不规范	(1) 移动脚手架应确保每个脚轮都装有制动器以防止脚手架滚动和旋转。 (2) 在作业人员爬上移动脚手架之前应锁定脚轮制动器。 (3) 脚手架移动前，应将架体上的物品清除干净，并有可靠的防止脚手架倾倒措施，严禁载人移动	 移动脚手架

3. 电缆敷设、接线

序号	风险点	风险分析	管控措施	相关图例
1	电缆盘吊装	(1) 特种作业人员未持证上岗。 (2) 起吊物重量不明时盲目起吊。 (3) 人员在已吊起的构件下方穿行	(1) 起重机司机和指挥人员要经过专业培训,考核结束后持证上岗。 (2) 吊装时应熟练掌握捆绑技术及捆绑要点,严格执行“十不吊”规定;操作人员对起吊物重量不明时要进行核实,不能盲目起吊。 (3) 吊装区域设置警戒区域,严禁任何人在已吊起的构件下停留或穿行,已吊起的构件不得长时间在空中停留。	 电缆盘吊装
2	电缆放线架布置	(1) 电缆放线架与电缆盘不匹配。 (2) 电缆放线架作业区域未设警戒区域。 (3) 电缆盘倾倒	(1) 电缆放线架应放置稳妥,钢轴的强度与长度与电缆盘重量和宽度相匹配。 (2) 电缆放线架作业区域设警戒区域,确保行人和交通车辆的安全。 (3) 电缆盘在放线架上转动过程中,保持电缆盘的平衡度,时刻注意电缆盘的倾斜情况	 电缆放线架布置

续表

序号	风险点	风险分析	管控措施	相关图例
3	电缆敷设	(1) 电缆敷设时，人员站位不当。 (2) 人力拖动电缆时造成电缆损坏。 (3) 作业人员距离洞口过近	(1) 电缆敷设时，所有人员应站在电缆一侧，相互之间配合一致，防止电缆碰到作业人员。 (2) 人力拖动电缆时，要有专人指挥，容易卡住及转弯处应有专人查看，查看人所处地点必须安全，且做好相应措施。 (3) 敷设电缆时，不得在易坍塌的沟边 0.5 m 以内行走；在墙洞、沟口、管口及隔层等敷设电缆时人员应距洞口处 1 m 以上；禁止踩踏在电缆桥架上	 电缆敷设
4	登高作业	(1) 登高作业安全防护措施不到位。 (2) 梯子使用不规范，造成断裂、高处坠落	(1) 施工前应先在施工区域铺设安全绳，并经验收合格后方可使用。 (2) 登高作业人员上下攀爬时应使用防坠器，高处作业人员应正确佩戴、使用个人防护用品。 (3) 梯子不得有残缺等，不得垫高使用，梯子横档间距以 30 cm 左右为宜，底部应采取防滑措施。 (4) 单面梯与地面夹角以 60°～70°为宜，人字梯上部夹角以 35°为宜，人字梯底角要拉牢。 (5) 梯上作业时，下方应有专人监护，禁止两人同时在梯上作业，严禁站在梯子最上面两档施工作业；禁止使用桥架作为梯子使用	 登高作业

续表

序号	风险点	风险分析	管控措施	相关图例
5	电动工具使用	(1) 电动工具无漏电保护开关。 (2) 电动工具无专人管理。 (3) 使用前未进行安全确认。 (4) 插座与电动工具插头不匹配。 (5) 用电动工具牵引电缆时，其他人员与电动工具的距离不足	(1) 电动工具必须配备单独的漏电保护开关，严格实行“一机一闸一漏一箱”，金属外壳应做好接地保护。 (2) 电动工具由专人管理，并建立相应管理档案，应定期维护保养。 (3) 使用前应进行安全确认，检查电线是否完好、有无可靠接地、绝缘是否良好、有无损坏等，对不符合要求的禁止使用。 (4) 应配备与电动工具插头相匹配的插座进行电气连接。 (5) 电动工具移动前，应切断电源，并做好妥善处理。 (6) 用电动工具牵引电缆时，安排熟悉工具的人员专人操作，其他人员应与电动工具保持足够的安全距离	 电动工具使用

（十二）设备调试

序号	风险点	风险分析	管控措施	相关图例
1	校线、单体试车	(1) 调试前无调试方案或调试方案未经审批，未进行安全技术交底。 (2) 调试人员未经特种作业培训。 (3) 设备安装后未经验收或验收不合格。 (4) 系统加电前未对设备、柜内元器件、线路等检查确认。 (5) 未校线即进行 I/O 接口打点，打点中问题线路更改未断电。 (6) 设备单体试车未采取安全防护措施。 (7) 调试作业由一名作业人员操作。 (8) 调试作业操作顺序不规范。 (9) 调试人员进入设备运转范围内进行调试工作，主电源及控制设备未断电	(1) 制定调试方案及安全技术措施，并经审批通过，调试前对调试人员进行安全技术交底。 (2) 按规范要求做好调试人员的特种作业培训，并取得相应特种作业操作证。 (3) 设备安装后必须经相关人员验收合格后方可进行调试工作。 (4) 系统加电前应对设备的外观、安装情况、绝缘情况进行检查确认。 (5) 在进行 I/O 接口打点前必须根据图纸校线，确定线路的正确性；I/O 接口打点中遇到线路问题，必须先断电再进行更改线路。 (6) 在已受电的盘柜上悬挂警示牌，做好危险性和禁止操作提示；调试区域拉好警戒线，并标注好调试内容及工作单位，现场设专人监护。 (7) 调试作业须由专业人员操作，必须由两名及两名以上人员作业，确保通信畅通。 (8) 严格按照调试方案要求以及操作规程执行设备试车操作；必须断开相关的设备主电源，控制系统急停锁定并切断控制回路供电；挂设“禁止操作”牌并经各方确认。 (9) 设备进行安全锁定，切断压缩空气等能源介质	 校线  设备单体试车

续表

序号	风险点	风险分析	管控措施	相关图例
2	无负荷联动试车	(1) 试车前未制定试车方案或试车方案未经审批。 (2) 未划定试车区域,无关人员随意进出,未规划安全通道、路线,试车人员未按规定路线行走。 (3) 试车区域、场地未清理,未配备消防器材。 (4) 通信联络不畅,参与试车人员未听指挥。 (5) 试车人员未按规范操作,连锁保护系统、报警装置未投入,试车过程未按方案执行。 (6) 个人劳动防护用品穿戴不规范,工器具、检测仪表未配齐。 (7) 未制定应急预案或应急预案未审批备案,应急预案未演练和检查	(1) 编制安全技术措施,制定无负荷联动试车方案,并经审批后组织交底。 (2) 划定试车区域,悬挂警示标志,设有专人监控,禁止无关人员进入;规划安全通道、路线,并在地面及通道做明显引导标志,悬挂路线指示图。 (3) 参与试车人员严格按照路线行走,不得穿行、跨越。 (4) 试车前清理试车区域内有碍安全的机器、设备、杂物;对设备设施采取防护措施,现场按规定配备消防器材。 (5) 试车区域电话、对讲机等必须按规定配备,通信系统合理分配频道,保证通信畅通。参与试车人员必须服从统一指挥。 (6) 参与试车人员必须经安全生产操作规程培训合格;连锁保护系统、报警装置必须投入,保证试车安全;必须按照联动试车方案及操作规程执行。 (7) 个人劳动防护用品必须正确佩戴、使用;工器具、检测仪表应正确配备。 (8) 试车前应制定应急预案;应急预案经审批合格并报上级应急指挥机构备案,并对应急预案实施进行演练和检查	 联动试车

四、案例分析

（一）高处坠落事故

1. 事故经过

2018 年 12 月 30 日，某钢厂在建项目 9 号转运站顶层框架混凝土浇筑前，分包单位负责人安排架子工王某和于某去检查横梁脚手架支撑系统是否符合浇筑条件。王某穿戴好安全带前往 9 号转运站顶部检查，在检查过程中失足从脚手架上坠落到下方的防坠落板上，坠落高度 8 m，经医院抢救无效死亡。

2. 事故直接原因

（1）王某高处作业安全带未正确挂设。

（2）9 号转运站顶部框架梁周边未搭设作业平台，周边未设防护栏杆，未设安全绳。

3. 事故间接原因

（1）当天施工队未办理危险作业审批手续，未安排专人对危险作业监护，对施工作业队管理不到位，并且安排作业的人员没有到现场确认。

（2）9 号转运站是落地式满堂支撑系统，高度 21 m，前期在 13 m 高度处铺设了跳板以防坠落，随着施工高度的增加，没有按照专项施工方案、安全技术交底要求在作业面下方 1 m 处设防坠落措施，项目部没有对支撑系统工程实行分段验收。

（3）项目部对施工人员教育不到位，项目管理人员安全检查不到位，对存在的安全隐患没有及时识别出来并进行整改。

（二）起重伤害事故

1. 事故经过

2020 年 3 月 20 日，某钢厂安装班组进行主厂房屋架的安装作业，起重工李某负责指挥 200 t 履带式起重机进行屋架吊装，当屋架吊装接近安装标高时，起重工李某指挥履带式起重机司机曹某行走并起臂，起重机突然发生前倾并随之倾覆，起重机杆头砸向相邻结构托架，将托架、墙柱及屋架砸落到地面，同时正在托架上作业的 1 名作业人员一同坠落到地面，坠落高度 40 m，后经送至医院抢救无效死亡。

2. 事故直接原因

(1) 起重机司机曹某未听从现场起重指挥工李某下达的“起臂”指令，不但未起臂，反而操纵大臂向右摆动，违章操作导致履带式起重机失稳倾覆，造成杆头砸向相邻托架。

(2) 起重指挥工李某在指挥履带式起重机作业前未检查、确认，此时履带已超过路基板前端 400～800 mm 呈悬空状态，仍违章指挥起重机前行。

3. 事故间接原因

(1) 专业分包单位针对危险性较大的吊装作业，缺乏专项施工方案及安全技术措施的交底和检查。

(2) 项目部对专业分包单位施工作业计划、内容、工序缺乏有效监督管理，对吊装作业区域未及时清理、警戒、确认和旁站管理。

(3) 编制的钢结构吊装专项施工方案内安全技术措施针对性不强，现场安全技术措施检查、验证不及时。

(4) 专业分包单位及项目部对起重指挥工、起重机司机日常安全教育及操作规程交底不到位，未及时发现、制止现场违章行为。

(三) 机械伤害事故

1. 事故经过

2019 年 10 月 31 日 7 时 5 分，某建筑装饰公司项目部员工黎某，在某冶金公司产业升级技术改造项目烧结新区皮带通廊 X1 皮带打扫卫生时，被 X1 皮带挤压受伤，送至医院经抢救无效死亡。

2. 事故直接原因

黎某进入正在空载试运行的烧结新区皮带通廊 X1 皮带尾部清理杂物时，违反《带式输送机　安全规范》(GB 14784—2013)的相关规定，在皮带机未停机的情况下，进入没有防护装置的皮带输送区域清扫作业，导致自己被皮带卷入。

3. 事故间接原因

(1) 烧结厂烧结新区皮带通廊 X1 皮带进行空载试运行，与冶金公司工程部安排建筑装饰公司员工进入烧结厂新区烧结皮带通廊打扫卫生，双方存在交叉作业。冶金公司工程部未主动向烧结厂通报和沟通，明确双方安全职责，落实交叉作业安全告知、现场安全监管等安全措施。冶金公司保安部允许未办理厂区出入证的农民工黎某进入厂区到烧结厂新区烧结皮带通廊打扫卫生，同时工程部和烧结厂未落实交叉作业各项安全防护措施。

(2) 建筑装饰公司为完成冶金公司烧结厂新烧结机成品作业区场地清理劳务合同，临时雇用农民工黎某，未依法对新进员工黎某进行三级安全教育，就安排其上岗作业，使黎某不具备必要的安全生产知识，不熟悉有关的安全生产规章制度和皮带机清扫安全操作规程及安全操作技能，安全意识淡薄。

4. 事故责任追究

(1) 冶金公司工程部和烧结厂在同时安排人员进行烧结厂新区烧结皮带通廊打扫卫生和皮带空载试运行时，没有明确双方的安全职责，落实安全告知和现场监护等安全措施，其行为违反了《中华人民共和国安全生产法》和《带式输送机　安全规范》(GB 14784—2013)的相关规定，对黎某进入正在空载试运行的烧结新区皮带通廊X1皮带尾部清理杂物，导致事故的发生负有主要管理责任。建议由市应急管理局依法对冶金公司给予行政处罚。

(2) 建筑装饰公司未依法履行对新招员工黎某的三级安全教育培训考核、现场安全监督等安全监管职责。其行为违反了《中华人民共和国安全生产法》的相关规定，对事故发生负有重要管理责任。建议由市应急管理局依法对建筑装饰公司进行行政处罚。

(3) 冶金公司工程部主要负责人陈某和烧结厂主要负责人傅某未认真履行安全生产职责，在皮带空载试运行和皮带通廊打扫卫生存在交叉作业，可能危及对方生产安全的情况下，没有明确各自的安全生产管理职责和应当采取的安全措施，未指定专职安全生产管理人员进行安全检查与协调。其行为违反《中华人民共和国安全生产法》和《带式输送机　安全规范》(GB 14784—2013)的相关规定，对事故发生负有管理责任。建议由市应急管理局责成冶金公司对工程部陈某和烧结厂傅某依据法律法规及公司相关规定进行处理，处理情况报市应急管理局备案。